Impressum

Der Schildkröten-Gärtner
Naturnahe Ernährung Europäischer Landschildkröten
Ratgeber zur naturnahen Haltung Europäischer Landschildkröten, Band 2

1. Auflage 2016

Kleintierverlag Thorsten Geier
Biebertal 2016
ISBN 978-3-944484-09-9

Foto auf der Umschlagseite: Thorsten Geier

Fotos, wenn nicht anders angegeben: Thorsten Geier

Fachverlag für naturnahe Tierhaltung
Postfach 11 11
35441 Biebertal
Telefon: +49 (0)6409 6619485
Telefax: +49 (0)6409 6619485
E-Mail: info@kleintierverlag.de
Internet: www.kleintierverlag.de

Umschlag und Buchgestaltung: Katharina Feld
Druck: L&W Druck, Bad Endbach

Ratgeber zur Haltung Europäischer Landschildkröten, Band 2

THORSTEN GEIER

DER SCHILDKRÖTEN-GÄRTNER

Naturnahe Ernährung Europäischer Landschildkröten

Über 65 geeignete Futterpflanzen sowie Anleitungen,
Tipps und Tricks zur erfolgreichen Pflanzenzucht

THORSTEN GEIER
kleintierverlag.de
Fachverlag für naturnahe Tierhaltung

Inhalt

Fortsetzung des Fotos vom Buchcover

Vorwort

Für mich stellt die Schildkrötenhaltung ein sehr schönes und vor allem abwechslungsreiches Hobby dar. Ich habe nicht nur große Freude beim Beobachten meiner Tiere in dem für sie angelegten Schildkröten-Garten. Auch das Planen und Pflegen der einzelnen Gehege – also die Strukturierung des kleinen Lebensraums – machen mir viel Spaß. Die Anzucht von geeigneten Futterpflanzen ist mir ebenso ein großes Anliegen. Nur so kann ich hochwertiges Futter anbieten, welches meinen Tieren im Gehege zur Verfügung steht.

Bei der artgerechten bzw. naturnahen Haltung Europäischer Landschildkröten spielen natürlich viele Faktoren gemeinsam eine große Rolle. Es macht wenig Sinn, die Tiere optimal zu füttern, jedoch dauerhaft im Terrarium zu halten. Doch auch wenn die Tiere draußen im liebevoll eingerichteten Freigehege leben dürfen, so ist auch eine abwechslungsreiche Ernährung für gesunde Tiere unabdingbar. Es sind also immer mehrere Punkte, die – schon einzeln betrachtet – sehr wichtig sind. Diese ergeben als Ganzes eine möglichst naturnahe Haltung.

Malven werden von Griechischen Landschildkröten gern gefressen. Foto: Christine Dworschak

In Band 1 *Ratgeber zur Haltung Europäischer Landschildkröten* wurde bereits das Thema der Winterstarre ausführlich behandelt. Der nun vorliegende zweite Band widmet sich ausschließlich der Ernährung unserer Pfleglinge und den damit verbundenen gärtnerischen und „futtertechnischen“ Belangen.

Warum ein Buch über Futterpflanzen bzw. über die Ernährung? Es gibt bereits einige sehr gute Bücher über die Ernährung von Schildkröten und die Bestimmung von geeigneten Futterpflanzen. Ich möchte jedoch mit diesem Buch auch speziell den Schwerpunkt auf die Anzucht und Pflege der Pflanzen setzen. Schließlich benötigen nicht nur unsere Schildkröten gewisse Parameter, um gesund zu leben. Auch die Pflanzen bedürfen einer regelrechten Pflege, um vom zarten Keimling bis zur ausgewachsenen Futterpflanze zu reifen. Viele Halter beklagen Misserfolge bei der Pflanzenzucht. Aus meiner Erfahrung fehlt jedoch teilweise das notwendige Wissen oder es wurde sich bisher nicht näher mit diesem Thema auseinander gesetzt. Auch hier möchte ich eine große Hilfestellung geben, damit die Pflanzenzucht erfolgreich funktioniert!

Natürlich gibt es nicht „die“ beste Futterpflanze! Aber es gibt eine große Auswahl an hervorragenden Futterpflanzen, die Sie in Ihrem Schildkröten-Gehege und Garten züchten können. Es sollte unser Ziel sein, den Tieren eine eigenständige Ernährung zu bieten, und zudem für sehr viele unterschiedliche Futterpflanzen im Gehege zu sorgen. Es erwarten Sie über 65 durch mich und – vor allem – durch meine Schildkröten erprobte Futterpflanzen, denn: Es muss nicht immer Löwenzahn sein! Dabei soll es aber nicht darum gehen, dass Sie plötzlich alle (ggf. für Sie neue) im Buch vorgeschlagenen Pflanzen umgehend im Garten ausprobieren müssen! Das Testen neuer Pflanzen darf sehr gerne über einen längeren Zeitraum – vielleicht sogar über mehrere Jahre – geschehen.

Ich möchte mit diesem Buch auch ungeeignete oder sogar sehr schädliche Futtermittel aufzeigen und sie gegen geeignete Futterpflanzen auswechseln. Zudem möchte ich mich von einer „zu gut gemeinten Fütterung“ durch den Halter abwenden. Ziel einer möglichst naturnahen Haltung sollte es sein, unseren Tieren eine selbstständige Ernährung im Gehege zu ermöglichen.

Ich freue mich täglich über meine Tiere und über meinen Schildkröten-Garten mit zahlreichen Pflanzen. Nun wünsche ich Ihnen viel Spaß beim „Gärtnern“ und beim Umgang mit diesen faszinierenden Tieren!

Thorsten Geier im Pflanzen-Gewächshaus

Ihr
Thorsten Geier

www.schildkroetenfreund.de

Leser-Service: Es kann z. B. vorkommen, dass es Änderungen oder Neuerungen bei den im Buch genannten Produkten (Futtermittel, Erden etc.) gibt. Um Sie stets mit aktuellen Informationen zu versorgen, erhalten Sie auf meiner Homepage (www.schildkroetenfreund.de) stets aktuelle Informationen zu meiner Schildkrötenhaltung.

I

Fressverhalten in der Natur

Breitrandschildkröte im Habitat in Griechenland (September)

Schildkröten-Habitat in Bulgarien (August)

Stellen wir uns doch einmal ein Schildkröten-Habitat vor: karger, steiniger oder sandiger Boden, große Flächen, angenehmes mediterranes Klima, viele Pflanzen und natürlich Schildkröten!

Wenn wir das Herkunftsgebiet von Europäischen Landschildkröten mit z. B. Deutschland auf nur einen einzigen Unterschied ausmachen möchten, dann ist das für mich das Klima. Dieser meteorologischer Zustand kann natürlich noch in viele weitere Punkte aufgeteilt werden; z. B. in Lufttemperatur, Sonnenscheindauer, Luftfeuchtigkeit, Niederschlag, Bewölkung und Trockenheit.

Die Jahreszeiten im Habitat – ein Schnelldurchlauf

Im zeitigen Frühjahr ist bereits eine Vielzahl von Futterpflanzen vorhanden.

Üppiger Pflanzenwuchs im Frühjahr (März) auf der Insel Sardinien/Italien. Die ersten Blüten sind bereits erkennbar.

Ab ca. Februar beginnt dort bereits die Vegetation sehr üppig zu wachsen (unsere Schildkröten-Gehege in Deutschland sind zu dieser Zeit leider noch sehr in Winterstimmung). Bereits ab ca. März, wenn die Tiere im Habitat ihre Winterstarre-Orte verlassen, ist geeignetes, sehr gehaltvolles Futter in großen Mengen vorhanden.

Aber nicht nur Pflanzen bieten eine gesunde Nahrungsgrundlage. Schneckenhäuser, Sepiaschale und Knochen decken den notwendigen Kalzium-Bedarf.

Auch Blüten, Samen und Wurzeln werden gerne gefressen. Die notwendige Versorgung mit genügend Flüssigkeit wird morgens über den Tau auf den Pflanzen gewährleistet. Nach einem Regenschauer bieten auch Wasserpfützen Möglichkeiten zur Flüssigkeitsaufnahme.

Leeres Schneckenhaus dient als Kalklieferant, Verbreitungsgebiet Mallorca/Spanien

Landschildkröte in einer Wasserlache nach Regenschauer, Foto: Christine Dworschak

Nur wenige Wochen später, wenn die Niederschläge nachlassen und die Sonne länger und kräftiger scheint, ist von dieser schönen Pflanzen- und Blütenpracht nicht mehr allzu viel erkennbar. Im Sommer bieten nun vertrocknete Pflanzen die Nahrungsgrundlage.

Natürliches Verbreitungsgebiet auf Mallorca/Spanien im Sommer (Juli). Die Vegetation hat sich deutlich verändert.

Diesen beiden Schlüpflingen stehen im Verbreitungsgebiet in Bulgarien unmittelbar nach dem Schlupf bzw. nach dem Verlassen ihrer Eigrube zarte Pflänzchen als Nahrung zur Verfügung.
Das Foto wurde Mitte September aufgenommen.
Foto: Ivo Ivanchev

Mit dem Einsetzen der Regenzeit im Spätsommer bzw. Herbst hat das karge Dasein ein Ende. Keimlinge und junge Pflanzen treten zum Vorschein. Gerade Schildkröten-Schlüpflinge, die durch den Regen einen Schlupfreiz bzw. ein Signal zum Verlassen der Eigrube erhalten, bedienen sich nun erstmals an dieser kleinen, aber sehr üppigen Kost.

9-jährige Maurische Landschildkröten im Gehege (Ende Mai)

Rückschlüsse für die Ernährung unserer Tiere im eigenen Garten

Wie in so vielen Bereichen der Schildkrötenhaltung sollten wir auch noch so kleine Aspekte – nach dem Vorbild der Natur – unseren Tieren in menschlicher Obhut bieten. Gerade die Futterversorgung hat einen sehr großen Einfluss auf das Wachstum und die Gesunderhaltung der Schildkröten – und somit auch auf ein langes Leben in unserem Garten.

Leider kann jedoch auch ein Zuviel an gesunder Nahrung alles andere als gesunde Schildkröten hervorbringen. Ich denke hier an zu schnell gewachsene oder verfettete Jungtiere, oder ausgewachsene Schildkröten, denen nur wenige Quadratmeter Gehegefläche zur Verfügung stehen, jedoch das Futter beinahe „in den Mund" wächst oder sauber auf einer Futterschale fast ganzjährig serviert wird.

Schon an dieser Stelle möchte ich auf eine „Futterpause“ aufmerksam machen. Unsere Tiere müssen nicht jeden Tag einen sprichwörtlich reichhaltig gedeckten Tisch vorfinden. Es darf auch einmal ein kühlerer Tag anstehen, an dem die Tiere eben nicht so viel vom frischen Grün aufnehmen.

Die genaue Lebensweise in der Natur sollte jedem Schildkrötenhalter bewusst sein und Anlass geben, eigene Tiere im Garten so naturnah wie nur möglich zu halten. Eine hervorragende Möglichkeit bieten ausführliche Berichte oder Bildbände über den natürlichen Lebensraum (vgl. Thorsten Geier [2012, 2015a, 2015b], Benny Trapp [2007], Michael Wirth [2013] und Wolfgang Wegehaupt [2004]).

Jungtier der Maurischen Landschildkröte in Griechenland (September)

II

Verbreitete Futtermittel

Seit Jahrzehnten werden Europäische Landschildkröten in menschlicher Obhut gehalten. Diese Sympathieträger scheinen auf den ersten Blick einfach in der Haltung zu sein und auch keine besonderen Ansprüche an das Futter zu haben. Jeder, der sich jedoch näher mit Schildkröten auseinander setzt, weiß, dass das ein Irrglaube ist! Was ich leider nicht abstreiten kann ist die Tatsache, dass die Tiere alles Mögliche an Futter aufnehmen – unabhängig davon, ob es für sie wirklich geeignet ist oder Schaden anrichtet.

Im Laufe der letzten Jahre hat sich – gerade was die Ernährung anbelangt – Vieles zum Positiven geändert. Hat man in den 1950iger Jahren noch z. B. vermehrt Küchenabfälle verfüttert, so ist man heute dem Leitbild einer naturnahen Haltung und Ernährung doch deutlich näher gekommen.

Die nun folgenden Futtermittel sind nach wie vor anzutreffen. Ich möchte auch gezielt sehr ungeeignetes Futter aufführen, und Sie bitten, diese Dinge nicht mehr zu verfüttern.
Zu Beginn werde ich schädliches oder nicht wirklich geeignetes Futter aufführen. Gegen Ende der Aufzählungen folgen sehr geeignete Futtermittel, die beste Voraussetzungen für gesunde Schildkröten schaffen.

Nudeln, Brot/Weißbrot, Brötchen, Kuchen

Dieses Futter – wohl eher für die menschliche Ernährung geeignet – oder Küchenabfälle wurden gerade zu den Zeiten des Schildkröten-Imports (ca. 1950) angeboten. Damals war die Einstellung zur Tierhaltung anders als heute, was sich eben auch – aus heutiger Sicht – am Futter deuten lässt. Leider fressen Schildkröten dieses Futter sehr gerne, so dass der Anschein aufkommen kann, es sei für diese Tiere ein gutes und gesundes Futter. Gelangt diese Nahrung in den Darm, so bietet dies dort gute Lebensbedingungen für diverse Würmer und andere Parasiten. Durchfall ist meist das erste Anzeichen, dass die Nahrung nicht optimal den Darm passiert. Gerät das Gleichgewicht von Wirt (Schildkröte) und Parasit (z. B. Wurm) aus den Fugen, wird die Schildkröte krank.

Wer glaubt, dass die Fütterung mit Nudeln, in Milch eingeweichten Brötchen etc. der Vergangenheit angehört, der irrt sich leider. Auch heutzutage berichten mir immer noch zahlreiche Schildkrötenhalter, dass sie dieses „Futter“ an ihre Tiere regelmäßig verfüttern.

Hundefutter, Katzenfutter, rohes Fleisch, rohe Innereien

Am liebsten hätte ich auch dieses veraltete und ungeeignete Futtermittel nicht aufgeführt. Leider wird dieses Futter aber noch immer angeboten. Hunde- und Katzenfutter sind sehr einfach in der Handhabung, aber umso schädlicher für unsere Europäischen Landschildkröten. Gerade Jungtiere nehmen durch dieses u. a. sehr proteinhaltige Futter enormen Schaden, der z. B. durch ein sehr schnelles Panzerwachstum auffällt. Aber auch ausgewachsene Tiere dürfen auf keinen Fall damit gefüttert werden.

Obst, Salat, Gemüse

Auch wenn dieses Futter teilweise immer noch sehr häufig – mal mehr, mal weniger – verfüttert wird, so sollten Obst, Salat und Gemüse nicht an Europäische Landschildkröten verfüttert werden. Selbstverständlich wird keine Schildkröte nach der einmaligen Aufnahme von solchen Futtermitteln sterben oder krank im Gehege liegen. Aber – ich kann es nur nochmals schreiben – es schadet den Tieren mehr als es nur einen einzigen Vorteil mit sich bringt. Ich habe für meine Schildkrötenhaltung beschlossen, dieses Futter wirklich nicht mehr anzubieten – und das seit inzwischen vielen Jahren, ohne Ausnahme!

Zwar findet man in den Schildkrötenhabitaten auch gelegentlich Früchte (Wildäpfel, Wildbirnen etc.), die die Tiere dort mit Sicherheit fressen. Wir dürfen aber nicht vergessen, dass dieses Futter höchstens nur saisonal in einem sehr kurzen Zeitfenster verfügbar ist. Außerdem ist der Zuckeranteil in diesem Wildobst im Vergleich zu dem für den menschlichen Verzehr kultivierten Obst viel zuckerärmer. Zudem sorgt die Natur auch dafür, dass durch die hohen Temperaturen die Verweildauer im Darm von diesem Futter relativ kurz ist. Unsere Schildkröten in menschlicher Obhut hingegen erhalten dann ggf. beinahe ganzjährig Obst und Gemüse aus den Supermarktregalen aus aller Welt.

Sogar Obst, Gemüse und Salat aus eigenem Anbau sind für Europäische Landschildkröten völlig ungeeignet.

Vitamintropfen, Vitaminpulver

Durch eine abwechslungsreiche Ernährung sind solche Vitaminpräparate absolut überflüssig bzw. sogar – aufgrund falscher Dosierung – sehr gefährlich. Unsere Europäischen Landschildkröten finden in gesundem Futter (siehe später aufgeführte Nahrung) alle notwendigen Vitamine. Dies macht eine gesonderte Gabe für gesunde Tiere absolut unnötig. Dies ist ähnlich wie für den menschlichen Verzehr erhältliche Vitamin-Präparate. Dort wird stets dazu geraten, dass diese Zusatzmittel nicht eine ausgewogene und gesunde Ernährung, Bewegung und Sport etc. ersetzen können. Nimmt man zu viele dieser Vitamin-Präparate ein, kann der menschliche Körper dadurch belastet werden. Bei unseren Schildkröten kann eine unüberlegte Gabe zu Überversorgungen und somit zu Vergiftungen (sog. Hypervitaminosen), insbesondere mit den fettlöslichen Vitaminen A, D, E und K, führen.

Schildkröten-Sticks/-Pellets

Der Handel bietet ein großes Sortiment an verschiedenen Schildkröten-Sticks an. Diese sind meist nicht geeignet, um Schildkröten gesund zu ernähren.

Leider gibt es häufig Futtermittel, die nicht nur speziell für Europäische Landschildkröten, sondern für diverse (Land-) Schildkröten hergestellt werden. Teilweise werden sogar Universal-Futtermittel für zugleich verschiedene Reptilien angeboten. Die Hersteller machen dann oft keinen Unterschied, ob die entsprechende Tierart z. B. rein pflanzlich (herbivor) oder fleischlich (karnivor) ernährt wird. Bei Fertigfutter für Europäische Landschildkröten sollte der Zutatenliste deswegen große Aufmerksamkeit geschenkt werden. So haben beispielsweise sogenannte Fischnebenerzeugnisse (meist Schlachtabfälle) und Getreidebestandteile nichts mit einer artgerechten Ernährung für Europäische Landschildkröten zu tun.

Tierische Kost

Schildkröten verschmähen natürlich keine Regenwürmer, Schnecken, Insekten etc. In der Natur finden sich auch solche Futtertiere, die – in Maßen – gefressen werden. Dies sollte aber meiner Meinung nach kein Grund darstellen, unseren Schildkröten in menschlicher Obhut regelmäßig auch solches Futter vorzusetzen. Es gibt Halter, die ihren Tieren – teilweise nur jungen Schildkröten – ab und zu beispielsweise getrocknete Bachflohkrebse anbieten. Mit einem Eiweißgehalt von 45–50 % sind sie ein für Landschildkröten ungeeignetes Futter. Ich bin in den letzten Jahren mit der Ernährung meiner Tiere so zufrieden, dass ich dieses tierische Futter nicht zusätzlich anbiete. Sollte jedoch eine meiner Schildkröten in den Gehegen Regenwürmer, Schnecken und Co. antreffen, ist dies mit Sicherheit einen Biss wert! Wobei ich dazu sagen möchte, dass sich Regenwürmer und Schnecken eigentlich nicht im Gehege aufhalten, wenn meine Schildkröten aktiv sind.

Tierische Kost? – gerne bei selbstständiger Nahrungsaufnahme! Hier beißt ein 1 Tag alter Schlüpfling in ein Insekt, nachdem diese kleine Schildkröte vom Brutkasten in das Freigehege überführt wurde!

Im Folgenden führe ich nun gutes, artgerechtes und naturnahes Futter auf.

Blüten

Blüten – frisch oder getrocknet – biete ich ab und zu und vor allem meist nur saisonal im Sommer/Spätsommer an. Man sollte jedoch nicht die Reichhaltigkeit der Inhaltsstoffe (Öle, Säuren etc.) außer Acht lassen. Gerade bei kleinen oder jungen Schildkröten hat man schnell zu viel des Guten erreicht. Deswegen füttere ich Blüten nur äußerst spärlich. Schließlich gelangt eine Schildkröte normalerweise nicht an die noch nicht fertigen Samen (Blüten), sondern bekommt höchstens nur vertrocknete Blüten zu fressen. Die vertrockneten Blüten von Hibiskus, Nachtkerze und Stockrose fallen im Sommer ohne mein Zutun in die Gehege. Die Blüten von z. B. Löwenzahn und Malve sind hingegen ohne besondere Kletterversuche zu erreichen und meist schon im Frühjahr im Gehege vorhanden.

Auswahl an geeigneten Blüten – bitte jedoch nicht als „Hauptfutter" einsetzen!

Blätter

Blätter sind sehr rohfaserreich und sorgen daher – durch eine optimale Darmpassage – für bestmögliche Verdauungsbedingungen bei den Schildkröten. Bereits im Frühjahr stehen uns verschiedene Blätter zur Verfügung, z. B. Weide, diverse Obstbäume, Hainbuche, Haselnuss etc.

Blätter der Haselnuss

Nicht wirklich ansehnlich, aber manchmal fressen meine Tiere solche verwitterten Sepiaschalen am liebsten!

"Frische" Sepiaschale

Kalkpulver sollte man in kleinen Schalen anbieten anstatt dieses wahllos über das Futter zu streuen.

Sepiaschale, Eierschale, Muschelgrit, Kalksteine, Kalkpulver, Kalzium, Knochen

Das wohl charakteristischste Merkmal von Schildkröten ist ihr Panzer. Jungtiere benötigen in der Wachstumsphase Kalzium, um einen stabilen Knochenpanzer und konstante Knochendichte aufzubauen. Aber auch ausgewachsene Tiere benötigen regelmäßig Kalzium. Geschlechtsreife Weibchen benötigen für die Produktion der Eierschalen Kalzium.

Kann eine Schildkröte ihren benötigten Kalziumbedarf nicht durch die Futteraufnahme decken, wird Kalzium aus den Knochen des Tieres abgebaut. Diese Tatsache zeigt, dass Kalzium also auch für die Ernährung sehr bedeutend ist.

Ich biete meinen Tieren ausschließlich Sepiaschale (Innenskelett des Tintenfischs) an. Das Pendant zum Habitat stellen kleine Schneckenhäuser, Knochen verendeter Tiere oder tatsächlich auch Sepiaschale dar.

Meine Tiere nehmen in den Gehegen Sepia sehr gut an. Ich sorge immer dafür, dass nicht nur „frische“, sondern auch ein wenig „verwitterte“ Sepiaschalen in den Gehegen liegen. Manche Tiere fressen diese nämlich scheinbar nur in solch „unappetitlichem“ Zustand.

Die Sepiaschale findet nicht nur in der Schildkrötenhaltung als Kalklieferant eine Bedeutung, sondern wird auch als Schnabelwetzstein bei der Vogelhaltung eingesetzt. Der Vorteil von Sepiaschale gegenüber Muschelgrit, Algenkalk oder Kalziumpulver liegt zudem in einer eigenständigen Abnutzung der Hornschneiden. Zusammen mit festen Futterbestandteilen wird auf einfache und vor allem natürliche Art und Weise der sogenannte Papageienschnabel verhindert.
In meinen Freigehegen sind zudem stellenweise Kalkschotter (Körnung 0–16 mm) eingebracht, welcher u. a. die Inhaltsstoffe der Futterpflanzen zusätzlich ein wenig aufwertet.

Achtung: Bitte verwechseln Sie diese empfohlenen Kalksteine auf keinen Fall mit dem im Baumarkt erhältlichen Branntkalk (ungelöschter Kalk)! Dieser wird in der Bauindustrie benutzt bzw. auch für die Desinfektion von Ställen verwendet. Damit würden Sie die Pflanzen im liebevoll angelegten Schildkröten-Gehege dauerhaft vernichten. Zudem kann ein solcher Einsatz von Branntkalk auch den Schildkröten schaden.

Häufig werden in der Schildkrötenhaltung sogar Eierschalen als Kalklieferant verwendet. Diese werden zuerst abgekocht und anschließend gemörsert. Seit kurzem geht man davon aus, dass die Tiere das darin enthaltene Kalzium nicht verwerten bzw. zersetzen können. Der Grund könnte darin liegen, dass gefressene Eierschalenstücke oftmals unverdaut mit dem Kot ausgeschieden werden. Daher ist meine Empfehlung dieses „Futtermittel“ durch z. B. Sepiaschale zu ersetzen.

Ich verwende keine Knochen als Kalziumquelle. Es gibt einige Schildkrötenhalter, die Knochen in der Metzgerei kaufen. Zuerst wird das noch verbliebene Fleisch daran entfernt. Anschließend werden die Knochen für etwa ein halbes Jahr im Garten vergraben. Nach dieser Zeit – die manchmal auch bis zu einem Jahr dauern kann – werden die „verwitterten“ Knochen in den Schildkröten-Gehegen als Kalklieferant ausgelegt.

Um diese Zeit ein wenig zu beschleunigen, kochen einige Schildkrötenhalter solche Knochen zunächst ab. Die Gefahr des Splitterns ist jedoch hier sehr hoch. Daher sollten nur ungekochte Knochen angeboten werden. Auch Geflügelknochen splittern relativ stark. Diese würde ich generell nicht verwenden. Zugegeben, der Einfachheit halber verwende ich in meinen Gehegen nur Sepia. Die Kalziumquelle lässt sich sehr gut beschaffen und „verfüttern“.

Heu, getrocknete Kräuter, AGROBS, gepresste Heupellets

Gerade im Sommer biete ich meinen Tieren vermehrt Heu bzw. getrocknete Kräuter an. Wie anfangs am Beispiel des natürlichen Lebensraums kurz beschrieben, sind diese getrockneten Kräuter eine saisonale Futterquelle. Es bietet sich an, Futterpflanzen schon im Frühjahr zu trocknen und dann später gezielt anzubieten. Selbstverständlich können Sie dieses Futter auch im Sommer trocknen (z. B. in der Sonne, im Gewächshaus etc.). Ein Jutesack bietet z. B. im Keller eine gute Aufbewahrungsmöglichkeit für diese getrockneten Kräuter.

Alternativ zum selbst hergestellten Kräuterheu bietet z. B. die Firma AGROBS GmbH hochwertiges getrocknetes Futter an. Das sind verschiedene Wiesenkräuter, die entweder lose oder als gepresste Heucobs abgepackt werden (letzteres muss vor der Futtergabe in Wasser eingeweicht werden). Von Juli bis September füttere ich ca. alle ein bis zwei Wochen zusätzlich AGROBS. Ich wähle stets Testudo Herbs. Dabei handelt es sich laut Hersteller um warmluftgetrocknete Trockengrünfasern (über 60 verschiedene Wiesengräser und -kräuter), die als Cobs gepresst sind.
Bei im Handel angebotenen Produkten achte ich stets auf die schildkrötengerechte Zusammensetzung. Ich verfüttere nur Produkte, die weniger als 10 % Eiweiß und mehr als 20 % Rohfaser enthalten.

Ausgewachsene Maurische Landschildkröte beim Fressen der gequollenen Heucobs (AGROBS)

Generell gilt: Getrocknetes Futter sollte besser in kleineren Mengen in das Frühbeet oder Gewächshaus gelegt werden. Große Mengen an getrockneten Kräutern können in der regelmäßig angefeuchteten Umgebung anfangen zu schimmeln. Das ist auch der Grund, warum ich die getrockneten Kräuter für den Außenbereich nicht an verregneten Tagen auslege.

AGROBS Heucobs (Firma AGROBS GmbH) werden in einer Wasserschale zum Quellen gebracht.

Anbaufläche von diversen Wildkräutern (außerhalb der Schildkröten-Gehege)

Mit Kräutern befüllter Einsatz eines Trockenautomats (Dörrautomat). Alternativ können Kräuter z. B. an einem heißen Sommertag oder bei 50 °C im Umluftofen schonend getrocknet werden (Dauer im Backofen ca. 2 Std.). Ggf. wird die Tür zwischendurch kurz geöffnet, damit die Restfeuchtigkeit austreten kann. Anschließend können die Kräuter in einer Stofftasche kühl und trocken gelagert werden (bitte nachts nicht im Frühbeet oder Gewächshaus lagern, da sonst von den getrockneten Pflanzen sehr viel Feuchtigkeit aufgenommen wird).

Mischung aus AGROBS, getrockneten Kräutern und frischen Malven-Blüten

Wasser

Bitte erlauben Sie mir, dass ich „Wasser“ mit in diese Übersicht als Futtermittel aufnehme. Europäische Landschildkröten sind zugegeben nicht ständig in der Wasser- oder Badeschale anzutreffen. Dennoch benötigen die Tiere ständig Feuchtigkeit. Ich bevorzuge flache Schalen, die in den Gehegen und Frühbeeten/Gewächshäusern aufgestellt werden. Da die Tiere manchmal in der Wasserstelle Kot oder Urin/Urate abgeben, muss diese – oft mehrmals täglich – gereinigt werden.

Eine sehr natürliche Wasseraufnahme können Sie mit einem Wasserzerstäuber erreichen. Lauwarmes und fein vernebeltes Wasser nehmen die Tiere gerne über kleine Pfützen (Lachen) auf. Zudem werden auf diese Art und Weise die umliegenden Pflanzen gegossen. Die Luftfeuchtigkeit im Frühbeet, Gewächshaus oder Gehege erhöht sich somit zumindest lokal.

Griechische Landschildkröte (östliche Unterart) beim Trinken aus einer flachen Badeschale (Blumentopf-Untersetzer)

Ein Wasserzerstäuber/Pflanzensprüher eignet sich sehr gut, um Wasser flächig fein zu verteilen.

Der Hibiskus ist zwar eine eher tropische bzw. subtropische Pflanze, vor allem die farbenfrohen Blüten werden jedoch von Landschildkröten sehr gerne gefressen!

Wildkräuter im Schildkröten-Gehege

Zierpflanzen

Leider können wir nicht alle Pflanzen und Wildkräuter aus den Habitaten in unseren Garten dauerhaft durch Aussaat einbringen. Als sehr geeignete Alternative bieten sich diverse und unbedenkliche Zimmerpflanzen, Beetpflanzen und Zierstauden an. Diese lassen die Arten- und gleichzeitig Futterpflanzenvielfalt im Schildkröten-Gehege um ein Vielfaches steigen.

Wildkräuter

Was jeder Gärtner als Spontan-Vegetation (teils auch unfreundlich als Unkraut!) bezeichnet und umgehend aus dem Garten entfernt, ist für jeden Schildkrötenhalter ein wunderbares Futter für seine Lieblinge!

Mit den zuvor genannten, unbedenklichen Futtermitteln sowie mit diversen geeigneten Wildkräutern lässt sich eine sehr gute Ernährung umsetzen. Wenn wir es nun schaffen, dass vor allem diese Pflanzen saisonal – aber eben teilweise auch dauerhaft – in genügender Menge und Vielfalt in den Gehegen wachsen, dann sind wir der naturnahen Haltung einen großen Schritt näher gekommen.

III

Futterversorgung

Artgerechte Fütterung bzw. Futterauswahl durch den Halter

Es gibt zwei Möglichkeiten, um unsere Tiere mit geeigneten Pflanzen zu ernähren:

- artgerechte Fütterung durch den Halter,
- naturnahe Ernährung durch die Tiere.

Eigenständige Ernährung im Gehege durch die Tiere

Die erste Variante stellt eine artgerechte Fütterung durch den Halter dar. Der Schildkrötenfreund entscheidet also, welche Pflanzen zu welcher Zeit und in welcher Menge gefüttert werden. Gerade bei einer Neugestaltung des Geheges kann es einige Zeit dauern, bis im Gehege zahlreiche Futterpflanzen wachsen und so für genügend Nahrung gesorgt ist.

Eine Fütterung ist aber auch dann notwendig, wenn das Gehege im Allgemeinen nicht genügend Futterpflanzen aufweist. Das kann teilweise im Frühjahr vorkommen, wenn witterungsbedingt noch nicht sehr viele Pflanzen wachsen.

Fütterung der Schildkröten durch den Halter (unnatürliches Verhalten = Hineinschlingen der Pflanzenteile)

Die Fütterung durch den Halter kann manweiter aufgliedern in das „von-Hand-Füttern“ und „Futter-ins-Gehege-Legen“. Das „von-Hand-Füttern“ würde ich generell ablehnen. Die Tiere schlingen hier nämlich beinahe alles in sich hinein, was dem Tier direkt angeboten wird. Bei kranken Tieren, die ggf. nur schlecht fressen, versteht es sich von selbst, dass hier eine kontrollierte Fütterung wichtig und notwendig ist. Dann kann man nämlich durch das bewusste Anbieten des Futters das Tier zur Nahrungsaufnahme bewegen. Sicherlich ist es von Vorteil, wenn die Tiere an die menschliche Hand gewöhnt sind. So können ihnen dann auch per Hand-Fütterung bei Bedarf Arzneimittel untergeschoben werden. Das soll aber nun kein Grund darstellen, seine Tiere dauerhaft per Hand zu füttern!

Bei dem „Futter-ins-Gehege-Legen“ sollte man darauf achten, dass nicht immer an den gleichen Plätzen im Gehege Futter angeboten wird. Vielmehr sollte man geeignete Pflanzen wahllos im Gehege verteilen. Dies hält die Tiere außerdem in Bewegung!

Das Aufstellen von sogenannten Futterschalen sehe ich kritisch. Hier wird den Tieren täglich das Futter an der immer gleichen Stelle angeboten.

Außerdem besteht hier die Gefahr, dass die Tiere an diesen Stellen vermehrt Kot und Urin/Urat absetzen, und somit die komplette Futterration verunreinigen. Zwar kann es auch im gesamten Gehege vorkommen, dass die Tiere Kot auf Pflanzen oder in die Wasserschale absetzen. Die Wahrscheinlichkeit ist jedoch an einem „festen Futterplatz" weitaus höher.

Was die Futtermenge anbelangt, so hat jeder Schildkrötenhalter bestimmt mehr oder weniger gute Erfahrungen gemacht. Doch wenn wir ehrlich sind ist es sehr schwer, den Futterbedarf einer Schildkröte exakt anzugeben. Dieser ist nämlich abhängig von z. B.

- Alter der Schildkröte,
- Gewicht,
- Größe,
- Art,
- saisonaler Zeitpunkt (z. B. Frühjahr oder Sommer),
- Tagestemperaturen,
- Haltungsart (z. B. Terrarium oder Freigehege)
- und schließlich von jedem einzelnen Tier.

Schon eine unterschiedliche Panzergröße bedeutet einen unterschiedlichen Futterbedarf.

Im Folgenden möchte ich verschiedene Orte nennen, an denen man geeignetes Futter – außerhalb des eigenen Gartens – finden kann:

Wiesen und Felder

Regelmäßig ziehen Gruppen von Schildkrötenhaltern durch vorher ausgesuchte Gebiete, um Kräuter- bzw. Futterpflanzen-Exkursionen durchzuführen. Ich finde diese Art des Erfahrungsaustausches bzw. des Kennenlernens neuer Pflanzen sehr gut!
Auf Wiesen wächst eine Vielzahl von für Schildkröten geeigneten Futterpflanzen. Wir dürfen jedoch nicht vergessen, dass wir uns dort ebenso auf einer Futterwiese für möglicherweise andere Tiere befinden. Ich kann mir vorstellen, dass ein Landwirt nicht unbedingt erfreut ist, wenn auf dessen Grundstück nach Löwenzahn, Breitwegerich und Co. gesucht wird. Von daher wäre ein vorheriges Gespräch mit dem Landwirt von Vorteil. Vielleicht kennt dieser eine geeignete Stelle, die bereits längere Zeit brach liegt. Abseits von anderen landwirtschaftlich genutzten und behandelten Flächen, dort, wo genügend Wildkräuter wachsen? An dieser Stelle wäre der beinahe ideale Ort, um ausreichend Futterpflanzen zu sammeln.

Üppiger „Unkraut“-Bewuchs im Feld!

Auch im Bereich von Ackerrändern findet sich eine Vielzahl von Wildkräutern. Aber diese sind als Schildkrötenfutter nicht geeignet! Jeder, der bereits einen Traktor mit Feldspritze gesehen hat, der Pflanzenschutzmittel oder Flüssigdünger breitflächig auf Pflanzen oder Boden aufgebracht hat, der wird meine Bedenken an dieser Stelle sofort verstehen. Auch der Hinweis auf verschiedene Langzeitdünger, die in der Landwirtschaft Verwendung finden, soll verständlich machen, dass das klassische Wiesenfutter von diesen Stellen vielleicht doch nicht so besonders geeignet ist. Denn schließlich macht es keinen Sinn, im Handel neugekaufte Futter- oder Gehegepflanzen für ca. 6 Monate in Quarantäne zu setzen, wenn gleichzeitig verschiedene Futterpflanzen auf oder an einer landwirtschaftlich genutzten Fläche gepflückt und anschließend an unsere Landschildkröten verfüttert werden!

Traktor mit Feldspritze beim Ausbringen vom Flüssigdünger bzw. Pflanzenschutzmittel

Traktor beim Ausbringen von Dünger (festem Granulat)

Auch auf gedüngten Flächen (Gülle als Flüssigdünger) sollte man davon Abstand nehmen, Futterpflanzen für unsere Tiere zu sammeln.

Übrigens: Nicht nur Dünger haben eine Langzeitwirkung. Auch verschiedene Spritzmittel wirken über einen Zeitraum, der mehrere Monate anhält. Somit kann man sich nicht darauf verlassen, dass ein Feld etc. unbehandelt ist, wenn dort z. B. keine „frischen" Traktor- bzw. Reifenspuren zu sehen sind.
Ein wenig deutlicher bzw. ersichtlicher wird es mit folgender Schilderung: Vor der Saat, während der Wachstumsphase oder nach der Ernte werden z. B. um die Felder herum regelrechte „Feuerschneisen" erzeugt. Dazu wird ein breiter Streifen am Feldrand (häufig auch auf den Wegen!) großflächig mit Chemikalien „abgespritzt". Dies soll ein Eindringen von nicht gewünschten Pflanzen in das Feld verhindern. Daher wird am Rand eine wachstumsfreie Zone geschaffen. Über Monate wächst auf diesen „behandelten" Flächen kein „Unkraut" (!) mehr. Hierbei wird sehr deutlich, wie stark die Langzeitwirkung ist! Dieser Vorgang wird im Prinzip sowohl im Frühjahr, als auch im Sommer und sogar im Herbst vollzogen.
Bei neuen Pflanzen, die in das Schildkröten-Gehege gesetzt, oder als Futter genutzt werden, wird wie bereits erwähnt eine ca. 6-monatige Quarantänezeit empfohlen. Überlegt man sich, dass die eben angesprochenen Futterpflanzen-Wiesen großzügig mit Dünger und Spritzmittel behandelt werden, dürfte man solche Pflanzen eigentlich das ganze Jahr überhaupt nicht als Futter für unsere Lieblinge verwenden!
Leider berichten mir Jahr für Jahr zahlreiche Halter und Tierärzte, dass es bei Schildkröten zu Todesfällen nach dem Verzehr von Futterpflanzen gekommen ist, die mit z. B. Dünger oder Spritzmitteln behaftetet waren. Daher möchte ich dieses Thema an dieser Stelle mehrfach und aus verschiedenen Sichtweisen ansprechen.

Auf diesem Acker wachsen zahlreiche Futterpflanzen für Europäische Landschildkröten! Außerhalb wurde jedoch eine großzügige „Feuerschneise" (mittels Chemikalien) angelegt bzw. eine über mehrere Monate anhaltende wachstumsfreie Zone geschaffen. Hier sollte man auf keinen Fall Futter für unsere Schildkröten sammeln!

Hat man nun einen eher abgelegenen oder brachliegenden Ort (zudem frei von Hundekot und Autoabgasen) für die Futtersuche gefunden, so eignen sich Kunststoffkisten oder Taschen zum Aufbewahren. In diesen kann das Futter dann auch – leicht angefeuchtet und in Küchenkrepp eingeschlagen – ein oder zwei Tage aufgehoben werden.

Möglichkeiten der kurzfristigen Aufbewahrung von gepflückten Futterpflanzen. Auch die Verwendung von Leinenbeuteln, die – zu Hause angekommen – befeuchtet werden können, halten die Pflanzen einigermaßen „frisch".

Auch wenn das gepflückte Futter einigermaßen gekühlt und leicht feucht gehalten wird, so ist die Haltbarkeit begrenzt. Die Pflanzen lassen sich zwar auch mehrere Tage bis ca. eine Woche augenscheinlich frisch halten. Doch mit der Zeit zersetzt sich dieses „alte" Futter und beginnt zu riechen. Von daher würde ich das gesammelte Futter max. zwei Tage aufbewahren.
Ich möchte Ihnen nicht die Freude am Pflücken im Feld nehmen. Aber auch die Tatsache, dass nur Kleinstmengen an Pflanzen (ausgenommen geschützte Pflanzenarten und Pflanzen aus Naturschutzgebieten) gepflückt werden dürfen, zeigt, dass der Pflanzenanbau im eigenen Garten wohl die beste Möglichkeit darstellt. Ich möchte an dieser Stelle zudem erwähnen, dass geschützte Pflanzenarten (in der Natur) und Pflanzen aus Naturschutzgebieten überhaupt nicht gepflückt werden dürfen.

Straßen, ehemalige Eisenbahnstecken, geschlossene Industriegebiete

Warum auch immer hat es manchmal den Anschein, dass gerade dort die schönsten oder größten Futterpflanzen wachsen! Doch sollte z. B. die Blattgröße nicht unbedingt ein Indiz dafür sein, dass es sich um qualitativ hochwertiges Futter handelt.

Das Pflücken selbst an bereits stillgelegten Eisenbahntrassen sollte aufgrund der behandelten Bahnschwellen und chemischer Rückstände nicht erfolgen. Gleiches gilt bei (bereits geschlossenen) Industriegebieten aufgrund u. a. von Rückständen durch Ruß oder andere Gefahrstoffe.

Keine idealen Orte, um Futterpflanzen zu sammeln!

Parks, Friedhöfe, öffentliche Plätze und Wege

Relativ häufig muss man mit dem Einsatz von „Pflanzenschutzmitteln" auf öffentlichen Wegen und Plätzen rechnen. Entweder sieht man den direkten Einsatz des Auftragens (durch Mitarbeiter des Gartenamts etc.) oder erst die Folgen der chemischen Mittel (Absterben nicht gewünschter Pflanzen).
Nach § 12 Abs. 2 des Pflanzenschutzgesetzes (PflSchG) dürfen Pflanzenschutzmittel (also Stoffe, die z. B. unerwünschte Wildkräuter vernichten) nur auf Freilandflächen angewendet werden, die landwirtschaftlich, gärtnerisch oder forstwirtschaftlich genutzt werden. Darunter sind u.a. die Flächen zu verstehen, auf denen Kulturpflanzen angebaut werden. Dazu gehören z. B. auch Beet- und Rasenflächen in Parkanlagen und um Baumscheiben. Ich möchte

dies gezielt ansprechen, da ich weiß, dass auch gerade dort vermehrt Futterpflanzen für Schildkröten gesammelt werden.

Zwar wachsen an diesem Straßenrand die schönsten Pflanzen. Zum Verfüttern an unsere Lieblinge ist dieser Löwenzahn und diese Wegwarte jedoch nicht geeignet. Solche „Straßenkräuter“ (!) müssen daher an Ort und Stelle stehenbleiben!

Auf diesem öffentlichen Weg wurde großzügig Unkraut bekämpft.

Geschützte Pflanzenarten

Viele unserer heimischen Pflanzen unterliegen bestimmten Schutzbestimmungen und dürfen nicht aus der Natur entnommen werden. In einem Buch, welches sich mit Pflanzen befasst, gehört dieses Thema für mich in ein eigenes Kapitel. Weitere Ausführungen erhalten Sie daher in Kapitel 13 *Geschützte Pflanzenarten*. In den letzten Jahren habe ich nämlich oft erfahren, dass sich Schildkrötenhalter durch „unerlaubtes“ Pflücken strafbar gemacht haben. Schließlich sind Naturschutzgebiete keine geeigneten Pflückorte, um dort Futterpflanzen zu sammeln. Dies nicht nur, um eine Anzeige zu umgehen

(Ordnungswidrigkeit), sondern auch der Hintergrund für diese Schutzmaßnahmen ist zu beachten!

Kennzeichnung eines Naturschutzgebietes in u. a. Hessen (in anderen Bundesländern ist anstelle des Seeadlers eine Waldohreule abgebildet; siehe Kapitel 13 *Geschützte Pflanzenarten*).

Eigenständige Futterversorgung durch die Tiere

In der Regel sind Schildkröten in unserer Obhut nicht zu klein oder zu langsam gewachsen. Oftmals sind die Tiere viel zu schnell gewachsen und/oder leiden – im ausgewachsenen Zustand – an einer Verfettung.

Selbstständige Futteraufnahme im Gehege (natürliches Verhalten = Abbeißen der Pflanzenteile)

Manchmal entstehen regelrechte Fettpolster an den Beinen, die aus dem Panzer heraus ragen. Andere Tiere sind durch ein krankhaftes Panzerwachstum (z. B. Höckerbildung) ihr gesamtes Leben gekennzeichnet.

Sie haben meine zuvor genannten Zweifel bezüglich des Fütterns bzw. Pflückens von geeigneten Futterpflanzen außerhalb des eigenen Gartens oder sogar Grundstücks mit Sicherheit erkannt. Die nun zweite Variante der Futterversorgung übernehmen die Schildkröten selbst! Das ist meiner Meinung nach die wohl beste Möglichkeit einer gesunden und abwechslungsreichen Ernährung. Zu diesem Zweck müssen jedoch genügend viele Futterpflanzen und unterschiedliche Arten im Gehege vorhanden sein.

Natürlich sind saisonal unterschiedliche Pflanzen hierbei zu berücksichtigen. Schließlich soll in den Gehegen von ca. März bis Oktober/November dauerhaft viel (unterschiedliches) Futter vorhanden sein.

Die Tiere können so den individuellen Bedarf je nach Tagesform selbst wählen. Alle Pflanzen, die bei der ersten Variante der Futterversorgung (artgerechte Fütterung durch den Halter) an den verschiedenen Orten gefunden und durch den Halter gesammelt werden, können ohne Probleme auch in Ihrem Garten oder sogar im Schildkröten-Gehege ausgesät oder angepflanzt werden. Diese Version der naturnahen Haltung bzw. Ernährung, die ich schon seit Jahren erfolgreich praktiziere, finde ich sehr wichtig. Ich bin von dieser Art der Ernährung sehr überzeugt und möchte diese gerne an möglichst viele Schildkrötenfreunde weitergeben.

Zugegeben, anfangs hatte ich zeitweise kleinere Futterengpässe. Vor allem im März, Mai und im Hochsommer waren nicht immer genügend Pflanzen vorhanden. Wenn dann ungünstige Wetterverhältnisse auftraten, musste auch ich entweder vorher in Töpfen oder Wannen ausgesäte Pflanzen oder gesammeltes Futter meinen Tieren anbieten (und somit „füttern“) oder neues Futter in die Gehege pflanzen.
Nach und nach habe ich meine Haltung ständig weiter optimiert. Die Gehegeflächen wurden vergrößert, deutlich mehr und verschiedene Futterpflanzen wurden in die Gehege eingesetzt. Inzwischen kommen diese Futterengpässe im Gehege nur noch sehr selten vor.

Ein allgemeiner Hinweis: Nicht jeder Schildkröte schmeckt alles gleichermaßen gut. Das kann entweder von Tier zu Tier unterschiedlich sein. Es kann aber auch wirklich am „Geschmack“ liegen. Einige Pflanzen ändern im Jahresverlauf gewisse Inhaltsstoffe. Teilweise werden dann z. B. bestimmte Bitterstoffe freigesetzt, die die Schildkröten nicht mögen. Am Beispiel der Schafgarbe kann man dies sehr gut erklären. Meine Schildkröten fressen nur im Frühjahr die feinen Blätter. Nach der Blüte wird diese Pflanze nicht mehr verspeist. Diese Pflanze dient dann nur noch als schöne Gehegepflanze.

Einblick in ein naturnah gestaltetes Freigehege für Europäische Landschildkröten

Diese Griechische Landschildkröte (östliche Unterart) hat in ihrem Freigehege genügend Futterpflanzen zur Auswahl.

Bereits meine Schlüpflinge ernähren sich von Anfang an selbstständig und natürlich in ihren kleinen Gehegen bzw. Frühbeeten oder Gewächshäusern.

Diese Maurische Landschildkröte ist gerade auf Futtersuche!

4-jährige Maurische Landschildkröte im kleinen Jungtier-Gehege

Bei der selbstständigen Futterversorgung können zudem unsere Tiere ihre Nahrung in mengenmäßigen Unterscheidungen aufnehmen. Normalerweise wird nämlich nicht immer eine komplette Pflanze bis auf die Wurzeln aufgefressen. Oft durchqueren die Tiere ihre Gehege, und nehmen hierbei immer nur kleine Pflanzenteile auf.
Gerade hier wird deutlich, warum auch Pflanzen mit z. B. Oxalsäure, Senfölglykosiden etc. dennoch in den Gehegen vorhanden sein dürfen (ausgenommen sehr stark oxalsäurehaltige Pflanzen!). Schließlich fressen die Tiere bei selbständiger Futterversorgung – im Gegensatz zu einer Fütterung durch den Halter – diese Pflanzen nicht komplett auf. Auf eine mit vielen verschiedenen Futterpflanzen durchdachte Haltung im Gehege möchte ich daher besonders hinarbeiten.

Ich möchte Ihnen aber nicht vorenthalten, dass eine komplett eigenständige Futteraufnahme durch die Tiere nicht innerhalb weniger Wochen erreicht werden kann. Bis ein Gehege „voll im Futter steht“ bedarf es schon eine gewisse Zeit. Dabei kann es schon bis zu ein oder zwei Jahre dauern, bis diese Art der Ernährung wirklich so funktioniert. Das Kapitel 7 (*Futteranbau im eigenen Garten*) soll Ihnen hierbei eine große Hilfe sein.

Alle in diesem Buch aufgeführten geeigneten Futter- oder Gehegepflanzen können Sie direkt in Ihrem Garten oder – noch besser – in Ihrem Schildkröten-Gehege anpflanzen. Die eigenständige Ernährung der Tiere ist eine große Herausforderung an den bzw. die Halter. Es bedeutet anfangs sehr viel Arbeit, bis in einem Gehege dauerhaft genügend Futter vorhanden ist. Ich kann Ihnen aber versprechen, dass sich der Aufwand mehr als nur lohnt!

Ich möchte jedoch auch klarstellen, dass eine „Fütterung" mit ausgewählten und in Frage kommenden Pflanzen dennoch gut und artgerecht ist. Es kann Situationen – zeitweise oder eben ständig – geben, in denen der Halter seine Tiere mit hochwertigem Futter ernährt.
Nach einem Umzug, einer Neugestaltung des Geheges, bei Krankheit (z. B. „winterwache" Schildkröten) kann es von Nöten sein, die Tiere zu füttern. Auch die Haltung in einem Quarantäne-Gehege (z. B. bei Neuzugängen) oder in Auffangstationen, Zoos, Zoofachgeschäften oder während einer Urlaubspflege etc. können Grund für eine Fütterung sein.

Wer aber die naturnahe Haltung seiner Pfleglinge als Herausforderung und Ansporn sieht, der wird den Tieren zuliebe von einer Fütterung nach und nach zu einer selbstständigen Nahrungsaufnahme gelangen. Dort können die Tiere das Futter wählen, welches im Gehege wächst, anstelle des dort hineingelegten Futters. Diese Möglichkeit ist hervorragend geeignet und wünschenswert. Natürlich ist es völlig in Ordnung, wenn Tiere dauerhaft durch den Halter mit geeignetem Futter ernährt werden. Was ich aber nicht hinnehmen möchte, ist die Fütterung mit den anfangs erwähnten – inzwischen als ungeeignet oder schädlich angesehenen – Futtermitteln.
Selbstverständlich ist auch eine Kombination aus beiden Möglichkeiten (Fütterung und selbstständiger Ernährung) gut. Hauptsache, die Tiere kommen weg von Salat, Obst und Co. Weg von einer nur „Mono-Fütterung" mit z. B. nur Löwenzahn oder nur Spitzwegerich oder nur Malven.

Es versteht sich von selbst, dass wir in unseren Schildkröten-Gehegen selten über 50 verschiedene Futterpflanzen einbringen können. Bei kleinen Gehegen für Jungtiere oder Schlüpflinge wird dies noch deutlicher. Dort lassen sich Stockrosen, Nachtkerzen etc. aufgrund ihrer Wuchshöhe nicht praktikabel einsetzen.

Wenn es uns aber gelingt, in unseren Gehegen ca. 10 bis 25 verschiedene Futterpflanzen (in Abhängigkeit der zu pflegenden Tiere) dauerhaft anzupflanzen, und darüber hinaus weitere, zahlreiche außerhalb des Geheges angezogene Pflanzen als Zusatzfutter in den Gehegen zu verteilen, wäre das ein unglaublicher Gewinn für unsere Tiere. Dies bedeutet eine sehr abwechslungsreiche Ernährung für Schildkröten.

Wer die naturnahe Haltung seiner Schildkröten anstrebt, der befasst sich mit Schildkrötenhabitaten und Lebensgewohnheiten der Tiere sehr genau. Dieses Foto stammt aus einem Schildkrötenhabitat Sardiniens.

IV Naturnahe Haltung

Eindruck aus meinem Schildkröten-Gehege

Die naturnahe Haltung von Europäischen Landschildkröten besteht nicht etwa nur aus dem Vorhandensein verschiedener Kräuter oder anderer Pflanzen im Gehege. Ich verstehe diese Art der Haltung als eine Verknüpfung von drei Hauptbereichen, die ich Ihnen nun vorstellen möchte, damit Sie einen Einblick in meine eigene Schildkrötenhaltung gewinnen können:

- erfolgreiche Überwinterung,
- Haltung in strukturierten Freigehegen und
- selbstständige Ernährung.

Zur erfolgreichen Überwinterung gehört natürlich nicht nur die eigentliche Winterstarre von Herbst bis Frühjahr, sondern bereits eine möglichst eigenständige Vorbereitung der Tiere. Dies ist – Sie werden es erahnen – wohl ausschließlich im Freigehege möglich. Für unsere Tiere ist es unabdingbar, diese lebensnotwendige Winterstarre zu halten. Eine Aussetzung oder Verkürzung halte ich nur bei kranken Tieren für angemessen (wobei in diesem Fall der Grund einer Erkrankung vorrangig herauszufinden ist). Die eigentliche Überwinterung kann z. B. im Frühbeet, Gewächshaus, Keller oder Kühlschrank erfolgen. Der Band 1 dieser vorliegenden Reihe *„Ratgeber zur Haltung Europäischer Landschildkröten“* befasst sich ausschließlich und in aller Ausführlichkeit mit dem Thema der Überwinterung. Diesen Band möchte ich Ihnen gerne empfehlen (Thorsten Geier 2013).

Die dauerhafte Haltung der Tiere während der aktiven Zeit, also die Phase zwischen dem Winterstarre-Ende (ca. März) und dem Beginn der Winterstarre (ca. November), in einem der Größe und Anzahl an Schildkröten entsprechend strukturiertem Freigehege bietet den Tieren die beste Möglichkeit der Haltung in menschlicher Obhut. Eine – auch nur vorübergehende – Unterbringung im Wohnhaus (z. B. Zimmer-Terrarium) halte ich bei Europäischen Landschildkröten für nicht artgerecht. Solch eine „Übergangshaltung“ – wenn auch in einem liebevoll eingerichtetem Terrarium – schadet den Tieren enorm.

Meine Freigehege sind nach dem folgenden Prinzip aufgebaut:

- Strukturierung durch große Steine, Steinplatten, Wurzelholz, Holzstämme, niedrige Trockensteinmauern,
- vielfältige Futterpflanzen (dadurch eigenständige Ernährung möglich),
- ungiftige, schattenspendende und schutzbietende Pflanzen,
- Kletter- und Versteckmöglichkeiten,
- kleine Wege durch die Gehege mit Kalkschotter als Untergrund,
- Eiablagemöglichkeiten für die adulten Tiere,
- Wasserschalen in den Gehegen, im Frühbeet bzw. Gewächshaus,
- stabile, ausbruchsichere und blickdichte Umrandung,

- sonniger Gehegestandort,
- Frühbeete oder Gewächshäuser (mit Fensterheber gegen Überhitzung) sowie integriertes Schutzhaus aus Holz,
- Wärmelampen (in Frühbeet oder Gewächshaus) und Heizmatte (im Schutzhaus) oder sogenannte Frostwächter (im Gewächshaus).

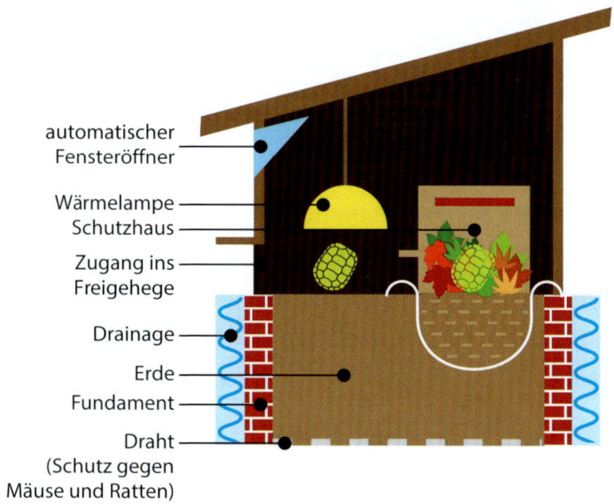

Frühbeet inklusive Schutzhaus

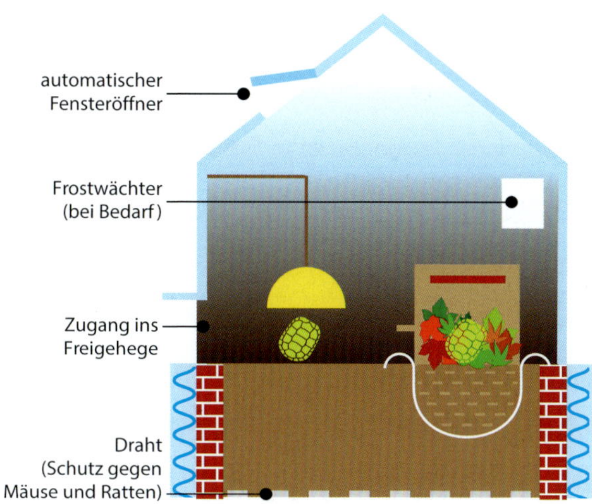

Gewächshaus inklusive Schutzhaus

Die Möglichkeit der naturnahen, selbstständigen Ernährung ist nicht nur vom Futterangebot, sondern auch von der Gehegegröße abhängig. Mit der Gehegegröße fällt und steht diese Art der Ernährung. Meine Schildkröten-Schlüpflinge sowie Jungtiere (pro Gehege etwa 5–15 Tiere) werden der Art und Größe entsprechend in kleinen Freigehegen untergebracht. Die Fläche beträgt nur ca. 2–4 m^2 (zuzüglich angrenzendem Frühbeet oder Gewächshaus). Diese eher kleine Grundfläche bietet den Vorteil, dass ich diese Gehege von außen bequem per Hand erreichen kann. So muss ich niemals in das Gehege hineintreten, was bei manchem Schildkrötenhalter schon zu Verletzungen der Tiere geführt hat. Außerdem lässt sich dort das gesamte Gehege relativ einfach und sicher mit einem Schutz (Draht oder Netz) gegen Vögel etc. versehen.
Die Gehege sind nach dem vorherigen Prinzip aufgebaut und vielfältig mit Futterpflanzen bepflanzt, so dass hier ganzjährig eine eigenständige Futterversorgung gewährleistet ist. Ich möchte jedoch nicht verheimlichen, dass ich diese Gehege dennoch ständig „pflegen" muss. 1- bis 2-mal im Jahr werden stellenweise Pflanzen zurückgeschnitten, oder teilweise durch neue, andere Pflanzen ersetzt. Was im großen Freigehege großflächig durchgeführt wird, muss dort eben nur „stellenweise" (z. B. in der Größe einer Postkarte) erfolgen.
In Abhängigkeit vom Tierbesatz muss alle ca. drei bis fünf Jahre entweder das Gehege komplett mit neuen Futterpflanzen bestückt werden, oder eben nur Teile davon, da die Futterpflanzen „verbraucht" sind (vgl. Kapitel 7 *Futteranbau im eigenen Garten*). Wenn das Gehege von Schlüpflingen oder Jungtieren „mitwachsen" soll, bietet sich dann die Möglichkeit einer Neugestaltung oder Erweiterung an.

Meinen größeren und ausgewachsenen Schildkröten stehen im Vergleich zu den Jungtieren verhältnismäßig sehr große Gehege mit einer Fläche von jeweils bis zu 100 m^2 zur Verfügung (bei ca. 3–6 Tieren). Durch die großen Futterflächen (Umfang je ca. 1 m^2), die stellenweise eingebaut werden, erreiche ich tatsächlich eine eigenständige Ernährung. Natürlich muss ich mich auch hier regelmäßig um neue Pflanzen kümmern. Ansonsten würde das Gehege auf Dauer nicht für eine selbstständige Ernährung ausgelegt sein.

Damit eine eigenständige Ernährung gewährleistet werden kann, rate ich zu einer Fläche von 15–25 m^2 pro ausgewachsener Schildkröte. Dieser zugegeben sehr grobe Wert lässt – genügend viele und unterschiedliche Futterpflanzen vorausgesetzt – solch eine eigenständige Ernährung zu. Die Angabe der Fläche ist deswegen bewusst nicht präzise genannt, da natürlich nicht jeder Schildkrötenhalter entsprechend gleiche Bauweisen bzw. Mengen an Futterstellen hat. Hier muss jeder Halter selbst testen, ob das Futter ausreicht, oder weitere Stellen mit geeigneten Futterpflanzen eingebracht werden müssen. Schließlich dürfen wir vor lauter Steinen, liebevoll angelegten Höhlen, zahlreichen Versteckmöglichkeiten etc. nicht die Futteranbaufläche im Gehege vergessen!

Ich möchte jedoch zu bedenken geben, dass auch dieses Gehege dauerhaft gepflegt werden muss bzw. regelmäßig mit neuen Pflanzen (sowohl Futter- als auch Gehegepflanzen) ausgestattet werden sollte. Weitere ausführliche Informationen dazu erhalten Sie in Kapitel 7 *Futteranbau im eigenen Garten*.

Nicht nur das Futterangebot ist sehr entscheidend für eine erfolgreiche Haltung, sondern auch die Anzahl der Tiere und das Geschlechterverhältnis.
Bei meinen ausgewachsenen Tieren beträgt das Geschlechterverhältnis etwa 1:2 (bzw. 1:3 oder höher). Dies bedeutet: Pro Männchen werden 2 oder 3 weibliche Schildkröten der gleichen Art bzw. Unterart zusammen gehalten. Die Tiere leben dauerhaft in diesen Gruppen. Eine (auch nur zeitweise) Geschlechtertrennung ist bei meiner Haltung nicht nötig.

Bezüglich der Ernährung Ihrer Tiere habe ich drei Anliegen:

- Nur geeignetes Futter anbieten,
- abwechslungsreiche Ernährung durch eine Vielzahl unterschiedlicher Futterpflanzen schaffen,
- möglichst eigenständige Ernährung im Freigehege anstreben.

Die ersten beiden Punkte sollte jeder Schildkrötenhalter für eine artgerechte Haltung seiner Pfleglinge berücksichtigen. Der letzte Punkt aber wäre quasi eine „Königsdisziplin" in der Schildkrötenhaltung, deren Umsetzung ich Ihnen gerne als strebsames Ziel näher bringen möchte.

In meiner Schildkröten-Haltung gibt es Jahre, in denen das „Futter-Management" sehr gut funktioniert. Zahlreiche Futterpflanzen wachsen in den Gehegen, meine Tiere ernähren sich komplett selbstständig, ich muss nichts zufüttern. Aber dann gibt es eben auch Jahre, in denen z. B. in einem einzelnen Gehege das Futter nicht schnell genug wächst. Wie kann so etwas sein? Es ist ganz einfach eine Kombination aus verschiedenen Pflanzen, die sich im Laufe der Monate oder sogar Jahre regelrecht abwechseln. Und so kann es eben vorkommen, dass gewisse Pflanzen (kurzfristig) verdrängt werden. Und genau an dieser Stelle muss ich als Hobby-Gärtner eingreifen! Sie sehen also: Auch in meiner Haltung kann es passieren, dass die Pflanzen nicht so wachsen, wie ich es gerne hätte. Das muss man akzeptieren, auch wenn in Zeiten wie diesen dann die Gehege vielleicht nicht so perfekt zu sein scheinen, wie man es eben gerne hätte.

Eindrücke aus meinen Schildkröten-Gehegen:

V

Geeignete Futterpflanzen

Welche Auswahl an Pflanzen erwartet Sie nun? Es sind leider nicht alles Pflanzen, die in Schildkröten-Habitaten wachsen. Ich empfinde es als sehr wichtig, meinen Tieren ein sehr reichhaltiges Angebot an Futterpflanzen in den Gehegen zu bieten. Da ich dies nicht mit ausschließlich Pflanzen aus deren Heimat – die in unseren Gehegen dauerhaft wachsen würden – umsetzen kann, muss ich auch Kulturpflanzen anbieten, die nicht aus dem natürlichen Verbreitungsgebiet der Schildkröten stammen.

Es sind auch nicht alles Pflanzen, die von Schildkröten mit gleichem „Genuss" verspeist werden. Es wird immer so genannte Lieblingspflanzen – sowohl für den Halter als auch für die Schildkröten – geben! Teilweise ändert sich dies von Jahreszeit zu Jahreszeit oder sogar von Schildkröte zu Schildkröte.

Da es bereits einige sehr gute Bücher zur Bestimmung der Pflanzen gibt, möchte ich auf die entsprechenden Informationen zu Blattaufbau, Inhaltsstoffen, Wirkstoffen etc. nicht weiter eingehen. Auch werde ich Pflanzen nur allgemein beschreiben, aber dennoch mit vielen Zusatzinformationen aus meinem eigenen Garten ergänzen.

Da es auch Pflanzen gibt, die in vielen Variationen/Arten anzutreffen sind, möchte ich diese nicht alle einzeln beschreiben. Die „allgemeine" Art wird daher mit der Bezeichnung *spp.* (*species pluralis*) genannt. Dieser Zusatz hinter der wissenschaftlichen Bezeichnung bedeutet, dass weitere Arten einer Gattung nicht im Einzelnen genannt werden. Ich werde daher z. B. die Glockenblume (*Campanula spp.*) nicht in weitere Arten wie beispielsweise Acker-Glockenblume (*Campanula rapunculoides*), Wiesen-Glockenblume (*Campanula patula*) oder Rundblättrige Glockenblume (*Campanula rotundifolia*) etc. aufschlüsseln.

Da es inzwischen – wie z. B. auch bei der Glockenblume – sehr viele kultivierte Formen gibt (teilweise auch Kreuzungen oder Hybriden), würde ich immer diejenige Pflanze bevorzugen, die der wilden bzw. natürlichen Form am ähnlichsten ist. Den Schildkröten zuliebe würde ich dann auf Blüten verzichten, die z. B. wegen einer sehr imposanten Form normalerweise in unseren Gärten häufig anzutreffen sind.

Als weiteres Beispiel dazu eignet sich das Stiefmütterchen sehr gut. Hier würde ich das Acker-Stiefmütterchen (*Viola arvensis*) oder das Wilde Stiefmütterchen (*Viola tricolor*) in die Gehege setzen, anstelle einer Kulturform aus zahlreichen Kreuzungen („Garten-Stiefmütterchen") zu kaufen.

Nach dem Alphabet sortiert folgen auf den nächsten Seiten nun zahlreiche für Europäische Landschildkröten geeignete Futterpflanzen. Auch wenn nicht alle Pflanzen in das Schema Januar bis Dezember sortiert werden können, so ist es jeweils die Zeit, in der die Pflanzen hauptsächlich als Futter genutzt werden können. Dies soll vor allem nützlich sein, damit Sie in Ihren Gehegen im Prinzip eine permanente Futterversorgung gewährleisten können. Auch bei der Anordnung bzw. zeitlichen Abwechslung der Pflanzen im Gehege kann dies eine praktische Hilfe sein. Bitte beachten Sie jedoch, dass sich diese zeitlichen Angaben entweder von Jahr zu Jahr oder sogar von Schildkröten-Halter zu Schildkröten-Halter unterscheiden können. Von daher sind diese Monatsangaben nur als Richtwert anzusehen, da z. B. je nach Jahr bzw. nach einem langen und harten Winter die Pflanzen nicht immer zur gleichen Zeit im Frühjahr das Wachstum beginnen. Bitte beachten Sie auch, dass diese Monatsangaben durch z. B. eine Vorkultur im Herbst oder Frühjahr beeinflusst werden können.

Neben zahlreichen Fotos gebe ich Ihnen pro Pflanze folgende Hinweise für eine praktische Anwendung:

■ Größe der Pflanze: klein, mittel, groß

klein

mittel

groß

Diese Informationen können auch für verschiedene Gehege (z. B. Schlüpflinge) wichtig sein. Schließlich wäre in einem „Mini-Gehege“ eine Nachtkerze, Stockrose oder Hainbuchenhecke schlecht aufgehoben! Auch für die Anordnung innerhalb des Geheges ist die zu erwartende Größe der Pflanze sehr wichtig. Schließlich möchten wir keine rankende oder große – und z. B. nach einem Regen umgeknickte – Pflanze an den Gehegerand setzen, die als Ausbruchshilfe dient.

■ Futtermenge – Wie viel Menge ergibt die entsprechende Pflanze?

wenig

mittel

viel

■ Blatt und/oder Blüte – Welche Teile der Pflanze sind (überwiegend) als Futter geeignet?

Blatt

Blüte

■ Bezugsquelle: „fertige“ Pflanze oder Saatgut

Lässt sich eine Pflanze als junge oder ausgewachsene Pflanze kaufen (oder als große Pflanze dann später umsetzen) oder ist die Pflanze eher zur Aussaat geeignet?

Pflanze

Saatgut

■ Persönliche Wertung als Futterpflanze:
geeignet, gut geeignet, hervorragend geeignet

geeignet | gut geeignet | hervorragend geeignet

Meine persönliche Einschätzung bzw. die Akzeptanz meiner Schildkröten!

Ich möchte jedoch vermeiden, dass in den Gehegen ausschließlich solche Pflanzen angeboten werden, die eine sehr große Futtermenge ergeben und von mir die höchste Punktzahl erhält! Das wäre nicht der Grundgedanke einer abwechslungsreichen Ernährung. Vielmehr sollten auch Pflanzen in den Gehegen vorhanden sein, die nicht das ganze Jahr über als alleiniges Futter dienen.

Sie müssen jetzt auch nicht innerhalb von wenigen Wochen alle hier im Buch aufgeführten Pflanzen in Ihren Garten setzen! Suchen Sie sich eine oder nur wenige neue Pflanzen heraus. Dieser Vorgang lässt sich so über Jahre hinweg wiederholen.

Man wird in beinahe jeder Pflanze einen Inhaltsstoff finden, der in Schildkrötenhalter-Kreisen „verpönt" ist. Manche Futterpflanzen enthalten z. B. sehr viel Eiweiß (Klee, Luzerne, Löwenzahn etc.). Auch Pflanzen mit Oxalsäure (z. B. Fetthenne) oder Senfölglykoside (z. B. Kapuzinerkresse) werden wegen dieser Inhaltsstoffe erst gar nicht verfüttert oder in die Gehege gepflanzt.

Wenn wir unseren Tieren ein sehr reichhaltiges Angebot an Pflanzen für deren Ernährung anbieten, dann sind auch solche zuvor genannten Inhaltsstoffe nicht weiter bedenklich. Vorausgesetzt, die Tiere haben immer genügend andere Pflanzen zur Verfügung.

Für giftige Pflanzen gilt diese Regel selbstverständlich nicht!

Ackerstiefmütterchen

Viola arvensis

Das Ackerstiefmütterchen gehört zu der Familie der Veilchengewächse (*Violaceae*). Sie ist zwar eine eher kleinbleibende Pflanze, dennoch bietet sie eine gute Abwechselung auf dem Speiseplan unserer Tiere. In sehr groß gestalteten Gehegen lässt sich die Pflanze auch über einen längeren Zeitraum einbringen. Gerne kann das Ackerstiefmütterchen auch zwischen Steinmauern etc. angepflanzt werden. Somit wird nicht die ganze Pflanze komplett aufgefressen bzw. niedergetreten.

J	F	M	A	M	J	J	A	S	O	N	D

Barbarakraut

Barbarea vulgaris

Das Barbarakraut wird auch als Winterkresse bezeichnet. Im ersten Jahr wird nur eine Blattrosette ausgebildet. Im zweiten Jahr wächst der Stängel mit den gelben Blüten. Im Frühjahr bereits steht die Blattrosette der 2-jährigen Pflanze bereits als Futterpflanze zur Verfügung.

J	F	M	A	M	J	J	A	S	O	N	D

Bärlauch

Allium ursinum

MEIN TIPP:
Auch für uns Halter sehr schmackhaft!

Bereits im März ist der Bärlauch im Garten eine beliebte Pflanze – sowohl für uns Menschen als auch für unsere Schildkröten. Die frühe Verfügbarkeit sorgt schon nach der Winterstarre für viel Futter. Ich rate dazu, den Bärlauch abseits des Schildkrötengeheges anzupflanzen. So haben Halter und Tiere gleichermaßen Freude daran! Die Blätter können leicht mit dem Maiglöckchen und der Herbstzeitlose verwechselt werden. Verreibt man jedoch die Blätter des Bärlauchs zwischen den Fingern, so kommt nur bei dieser Pflanze der typische Knoblauchgeruch zustande.

J	F	M	A	M	J	J	A	S	O	N	D

Bitterkraut, Gewöhnliches
Picris hieracioides

Die leicht behaarten Blätter sind ein erstes Indiz für diese sehr geeignete Futterpflanze. Zuerst bildet das Bitterkraut am Boden zahlreiche Blätter, ehe es im Sommer mit der Bildung der Blütentriebe beginnt. Blätter und Büten sind hier gleichermaßen sehr beliebt.

J	F	M	A	M	J	J	A	S	O	N	D

Brennnessel

Urtica dioica

Nicht nur für Schmetterlinge sind die Blätter der Brennnessel von großer Bedeutung. Auch für uns Menschen ist sie eine wichtige Heilpflanze. Unsere Schildkröten fressen die zarten, also frischen Triebe und Blätter sehr gern. Bevor die Pflanze jedoch Überhand nimmt, sollte man das Wachstum unter Kontrolle halten. Abgeschnittene und anschließend kurz getrocknete Blätter werden von den Tieren bevorzugt. Das Kalzium-Phosphor-Verhältnis ist bei dieser Pflanze sehr gut.

J	F	M	A	M	J	J	A	S	O	N	D

Disteln

Carduus spp., Sonchus spp.

Es gibt unzählige Distel-Arten, die von unseren Schildkröten gefressen werden – unabhängig der teilweise sehr starken Dornen an der Pflanze. Die etwas „sanfteren" Dornen bei der Acker-Gänsedistel *(Sonchus arvensis)* und Gemüse-Gänsedistel *(Sonchus oleraceus)* sind in unserem Garten auch ohne Handschuhe zu ernten! Die Acker-Kratzdistel *(Cirsium arvense)* hat mich jedoch schon so manches mal mit ihren zahlreichen Dornen überrascht!

J	F	M	A	M	J	J	A	S	O	N	D

Eibisch, Echter

Althaea officinalis

ACHTUNG:
Besonders hochwachsend!

Diese mehrjährige Pflanze kenne ich nicht nur aus meinem eigenen Schildkröten-Garten, sondern habe sie bereits in zahlreichen Schildkröten-Habitaten gefunden. Die Blätter und Blüten werden von meinen Tieren hin und wieder gefressen. Aber auch als Gehegepflanze, die eine Höhe von bis zu 2 Metern erreichen kann, leistet sie einen schönen Beitrag als „natürliche Schildkröten-Pflanze".

J	F	M	A	M	J	J	A	S	O	N	D

Erdbeere, Wald- (Blätter)

Fragaria vesca

MEIN TIPP: Die Früchte sind für den Halter bestimmt!

Die Wald-Erdbeere zähle ich zu den ersten Pflanzen im Garten, die meine Tiere nach der Winterstarre fressen. An einer geschützten Stelle kann beinahe ganzjährig geerntet werden, auch wenn die etwas älteren bzw. härteren Blätter nicht so gerne gefessen werden. Am Beispiel der Walderdbeere wird deutlich, dass bei uns heutzutage verschiedene kultivierte Formen vorhanden sind. Diese Pflanzen sind dann ertragreicher (größere Früchte), haben eine verlängerte Blütezeit etc. Ob die kultivierte Form jedoch auch geschmacklich mithalten kann, darf sich jeder selbst beantworten!

J	F	M	A	M	J	J	A	S	O	N	D

Fetthenne, Prächtige
Hylotelephium spectabile

In vielen Gärten ist diese Staudenpflanze anzutreffen. Die fleischigen Blätter werden sehr gern gefressen. Damit die Fetthenne im Frühjahr gut wachsen kann, setze ich einen Pflanzen-Schutz („Eimer ohne Boden“) um sie herum. So können die Schildkröten nicht an die sehr beliebten Blätter.

MEIN TIPP:

Jungpflanzen bitte unbedingt schützen!

Alternativ außerhalb des Schildkröten-Geheges anpflanzen. Dadurch kann man diese oxalsäure- und eiweißhaltige Pflanze in Maßen zufüttern.

Wenn im Sommer diese Pflanze als Blumenstrauß keine Verwendung mehr findet, können die Stengel noch weiter im Wasser stehen bleiben, um Wurzeln zu ziehen. Anschließend wird in Erde getopft bzw. ausgepflanzt. Im darauffolgenden Frühjahr werden die vertrockneten Triebe abgeschnitten. Das Wachstum setzt ab März/April ein, und es bildet sich eine neue Pflanze.

J	F	M	A	M	J	J	A	S	O	N	D

Flockenblume, Wiesen-

Centaurea jacea

WEITERHIN:

Schwarze Flockenblume *(Centaurea nigra)*, Skabiosen-Flockenblume *(Centaurea scabiosa)* [und Kornblume *(Centaurea cyanus)* aus der gleichen Gattung].

Die Flockenblume, die übrigens auch in verschiedenen Habitaten Europäischer Landschildkröten anzutreffen ist, erreicht eine Höhe von bis zu 1,50 m.

Sowohl die Blätter als auch die Blüten werden gern gefressen. Die buschige Pflanze wird zudem auch als Versteckmöglichkeit aufgesucht.

J	F	M	A	M	J	J	A	S	O	N	D

Fuchsie

Fuchsia spp.

Die Fuchsie ist eine beliebte Balkon- bzw. Kübelpflanze. Es gibt jedoch auch winterharte Pflanzen, die ganzjährig an Ort und Stelle verbleiben können. Die (heruntengefallenen) Blüten sind bei Landschildkröten sehr beliebt.

J	F	M	A	M	J	J	A	S	O	N	D

Gänseblümchen, Gewöhnliches

Bellis perennis

Wie bei vielen Pflanzen sollte auch beim Gänseblümchen möglichst die „ursprüngliche“ Form verfüttert werden. Die vor allem im Frühjahr angebotenen „Baumarkt-Gänseblümchen“ werden zwar auch gefressen; gegenüber dieser Kulturvariante würde ich jedoch meinen Schildkröten stets die „wilde Form“ anbieten.

J	F	M	A	M	J	J	A	S	O	N	D

Gänsekresse

Arabis spp.

Schon im zeitigen Frühjahr ist die Gänsekresse im Garten anzutreffen. Die Pflanze wächst „polsterartig“ und bildet einen kleinen Blütenteppich. Sowohl die Blätter als auch die Blüten werden sehr gerne gefressen. Die Gänsekresse lässt sich sehr einfach vermehren. Dazu wird im Sommer/Herbst ein Teil der Pflanze an einen neuen Ort gesetzt. Das üppige Wachstum lässt die Pflanze so im nächsten Frühjahr sich explosionsartig vermehren.

J	F	M	A	M	J	J	A	S	O	N	D

Glockenblume

Campanula spp.

MEIN TIPP: sehr dekorativ!

Die Glockenblume verziert jeden Garten! Damit die Gartenpracht auch tatsächlich zur Blüte kommt, müssen in den Gehegen vorhandene Pflanzen z. B. mittels Pflanzen-Schutz („Eimer ohne Boden“) gegen vorschnelles Auffressen geschützt werden. Wie bereits erwähnt gibt es zahlreiche Glockenblumenarten (Auszug): Acker-Glockenblume *(Campanula rapunculoides)*, Wiesen-Glockenblume *(Campanula patula)*, Rundblättrige Glockenblume *(Campanula rotundifolia)*.

J	F	M	A	M	J	J	A	S	O	N	D

Kriechendes Schönpolster

Callisia repens

MEIN TIPP:
Im Handel als „fertiges“ Futter kaufen!

Diese Zimmerpflanze hat sich inzwischen als beliebtes Futter für diverse Reptilien, Ziervögel und Nagetiere bewährt. Die Pflanze wird im Handel als Tierfutter unter dem Namen Golliwoog® angeboten. Im Gegensatz zu vielen anderen im Handel angebotenen Pflanzen kann hier davon ausgegangen werden, dass dieses Futter direkt nach Kauf an unsere Tiere verfüttert werden darf, da hier auf den Einsatz von Pflanzenschutzmitteln verzichtet wird. Gerade bei winterwachen bzw. kranken Schildkröten ist dies eine sehr gute Möglichkeit, das ohnehin in der Auswahl begrenzte Futter deutlich aufzuwerten und so eine größere Vielfalt zu schaffen.

J	F	M	A	M	J	J	A	S	O	N	D

Habichtskraut
Hieracium spp.

MEIN TIPP: Lässt sich sehr leicht aussäen!

Bereits ab April sind die Blätter vom Habichtskraut als wertvolles Futter im Gehege oder Garten anzutreffen. Wird die Pflanze außerhalb des Schildkrötengeheges angebaut, so können hier die größeren Blätter gepflückt werden. Ab Mai-Juni können dann die kleinen Blüten verfüttert werden. Die niedrigbleibende Pflanze ist auch in einem Gehege für Schlüpflinge oder Jungtiere gut geeignet. Nimmt der Bodendecker überhand, so kann er auf einfache Weise (als Schildkrötenfutter) entfernt werden. Das Wachstum ist demnach nicht besonders aggressiv.

J	F	M	A	M	J	J	A	S	O	N	D

Hainbuche, Gemeine

Carpinus betulus

MEIN TIPP:
Der Astschnitt kann ganzjährig für die Schutzhütten Verwendung finden!

Die Hainbuche wird häufig als Hecke gesetzt. Die Blätter können Verwendung finden als Futter bzw. als Laub für Schutzhäuser, Überwinterungskisten etc. Wenn ich einzelne Blätter benötige (z. B. als Versteckmöglichkeit für Schlüpflinge oder Jungtiere), reiße ich die Blätter mit einem Handschuh ruckartig von der Hecke. Für die Schutzhütten von größeren Schildkröten kann auch der Astschnitt verwendet werden. Es hat sich bewährt, dass die Länge der Äste ca. 15 cm aufweist. Das kann mit der Astschere bzw. Heckenschere bequem eingeteilt werden. So können sich die Tiere anschließend darin noch bequem bewegen.

J	F	M	A	M	J	J	A	S	O	N	D

Hasel, Gemeine

Corylus avellana

Auch die Blätter vom Haselnussstrauch finden in der Schildkrötenhaltung Verwendung. Die zarten Blätter werden besonders bevorzugt. Daher sind die Blätter vor allem im Frühjahr beliebt.

J	F	M	A	M	J	J	A	S	O	N	D

Hauswurz

Sempervivum spp.

MEIN TIPP:
Ideal für die Bepflanzung von Freigehegen für junge Schildkröten!

Der Hauswurz ist bei manchen Schildkröten dermaßen beliebt, dass diese Futterpflanze schon nach kurzer Zeit komplett aus dem Gehege verschwunden ist. Ich würde daher diese Pflanze z.B. zwischen locker gesetzte Steine etc. anpflanzen. So ist die eigentliche Pflanze ein wenig geschützt. Besser eignet sich daher der Hauswurz für die Bepflanzung von Freigehegen für Schlüpflinge oder Jungtiere. Hier wird die Pflanze normalerweise nicht komplett abgefressen.

J	F	M	A	M	J	J	A	S	O	N	D

Hibiskus, Garten-
Hibiscus syriacus

MEIN TIPP:
Der beste Zeitpunkt zum Schneiden ist im frühen Frühjahr!

Sowohl die Blätter als auch die Blüten des Hibiskus werden sehr gerne gefressen. Wenn Sie für Ihre Schildkröten ein Gewächshaus besitzen, können Sie z. B. diese Pflanze darin einsetzen. Durch den hohen Wasserbedarf der Pflanze wird das Gewächshaus bzw. die Erde darin deutlich feuchter gehalten. Im Hochsommer dient der Strauch mit den inzwischen vorhandenen Blättern als Schattenspender. In diesem Fall sollte dieser jedoch im Februar stark zurückgeschnitten werden, damit die Zweige nicht gegen die Gewächshausscheiben stoßen.

J	F	M	A	M	J	J	A	S	O	N	D

Himbeere (Blätter)

Rubus idaeus

MEIN TIPP:
Blätter für die Tiere; Himbeeren für den Halter!

Gerade im Frühjahr, wenn die Verfügbarkeit von geeigneten Futterpflanzen noch begrenzt ist, können die zarten Blätter der Himbeere eine Abwechslung sein. Die Akzeptanz als Futter wird aber im Laufe der Monate geringer. Hier scheinen die festeren Blätter nicht mehr ganz so gerne gefressen zu werden.

J	F	M	A	M	J	J	A	S	O	N	D

Funkie (Hosta)

Hosta spp.

Die zarten Triebe der Funkie müssen besonders im Frühjahr vor dem Fressen (bzw. bei größeren Tieren vor dem Zertreten) geschützt werden. Hat die Pflanze eine Größe von ca. 15 cm erreicht, kann der Schutz entfernt werden. Die Tiere fressen gerne die zarten Blätter bzw. suchen Schutz unter dieser eher schattenliebenden Zierpflanze.

MEIN TIPP:

Frische Triebe im Frühjahr unbedingt schützen!

J	F	M	A	M	J	J	A	S	O	N	D

Johanniskraut
Hypericum spp.

MEIN TIPP: Vermehrt sich rasant!

Die beliebte Heilpflanze wird auch bei unseren Schildkröten sehr gerne angenommen. In den Gehegen lässt sich die Pflanze gut in den frischen, steinigen Bereichen ansiedeln.
Die Kamille ist zwar nicht sehr ergiebig, was die Futtermenge anbelangt, das sollte aber kein Grund sein, sie nicht ins Gehege zu setzen.

J	F	M	A	M	J	J	A	S	O	N	D

Kapuzinerkresse, Große

Tropaeolum majus

Ab März lässt sich die Kapuzinerkresse gut im Haus in Töpfen vorziehen, ehe sie ab Mitte Mai in den Garten ausgeplanzt werden kann. Die frostempfindliche Pflanze kann so ab Mai bis in den Spätherbst verfüttert werden. Durch die starken Ranken sollte man die Pflanze jedoch nicht in unmittelbarer Nähe zur Gehegebegrenzung setzen, da die Triebe gut als Kletterhilfe zweckentfremdet werden können.

MEIN TIPP:
Blätter und Blüten sind auch für unsere Küche geeignet!

J	F	M	A	M	J	J	A	S	O	N	D

Karde, Wilde

Dipsacus fullonum

Die Wilde Karde kenne ich aus verschiedenen Biotopen Europäischer Landschildkröten. Auch bei uns in den Feldern ist sie häufig anzutreffen. Der mittlere Blattnerv ist bestückt mit vielen kleinen Stacheln, die an Haifischzähne erinnern. Das ist auch ein gutes Erkennungsmerkmal. So mancher Schildkrötenhalter entfernt diese Stachel vor dem Verfüttern!

J	F	M	A	M	J	J	A	S	O	N	D

Klee, Weiß-

Trifolium repens

MEIN TIPP:

Lässt sich gut in Schalen oder größeren Kunststoffwannen ziehen; ideal für getrocknete Kräuter geeignet!

Aber Achtung: Enthält viel Eiweiß!

Der Weißklee hat sich von allen anderen Kleearten in der Schildkrötenhaltung am besten bewährt. Die sehr stark wachsende Pflanze breitet sich in einem Schildkrötengehege relativ schnell aus. Ist dieses starke Wachstum nicht gewünscht, lässt sich der Weißklee sehr gut in Saatschalen etc. kultivieren.

J	F	M	A	M	J	J	A	S	O	N	D

Knoblauchsrauke

Alliaria petiolata

Im Frühjahr stark verbreitet, lässt sich diese Pflanze bereits gut nach der Winterstarre verfüttern.

Die ersten Blätter im Frühjahr sind halbrund. Je mehr die Pflanze wächst, umso dreieckiger werden die Blätter.

Beim Zerreiben der Blätter entsteht der im Namen erwähnte Knoblauchgeruch.

Doch je älter die Pflanze wird, desto mehr verliert sie ihren Geruch und ihr Aroma.

J	F	M	A	M	J	J	A	S	O	N	D

Kompasslattich

Lactuca serriola

MEIN TIPP:
Lassen Sie diese Pflanze nicht zu groß wachsen. Mit der Zeit vertrocknen die Blätter, die dann nicht mehr so gerne von den Schildkröten gefressen werden.

Woher hat bloß der Kompasslattich seinen Namen?!
Die Blattflächen richten sich in Nord-Süd-Richtung aus. Der mittlere Blattnerv ist mit Stacheln besetzt. Der Kompasslattich ergibt ein sehr massiges Futter.

J	F	M	A	M	J	J	A	S	O	N	D

Königskerze

Verbascum spp.

In großen Schildkrötengehegen sollte die Königskerze nicht fehlen! Diese Pflanze sieht sehr dekorativ aus, die unteren Blätter werden als Versteckmöglichkeit gerne aufgesucht und die kleinen gelben Blüten werden, wenn sie runterfallen, sehr gerne gefressen. Im ersten Jahr bildet die Königskerze zunächst eine Blattrosette. Erst im zweiten Jahr wächst der aufrechte Stängel, an dem nacheinander die kleinen Blüten aufgehen.

J	F	M	A	M	J	J	A	S	O	N	D

Kornblume

Centaurea cyanus

Die Kornblume gehört zur Gattung der Flockenblumen. Die kräftig blauen Blüten sind in so manchem Bauerngarten ein Hingucker. Auch in unseren Schildkrötengehegen sorgt sie für einen Farbakzent.

MEIN TIPP:

ACHTUNG:
Die Kornblume steht unter Naturschutz; daher Pflanzen nur aus eigenem Anbau verwenden.

J	F	M	A	M	J	J	A	S	O	N	D

Leinkraut, Echtes

Linaria vulgaris

Diese sehr dekorative Pflanze ist nicht nur bei mir sehr beliebt! Meine Tiere fressen diese kleinbleibende Pflanzenart sehr gern. Gerade in kleineren Gehegen (z.B. Schlüpfinge oder Jungtiere) eignet sich das Echte Leinkraut sehr gut. Die Pflanze wird auch als Gemeines Leinkraut oder Kleines Löwenmaul bezeichnet.

J	F	M	A	M	J	J	A	S	O	N	D

Lichtnelke

Silene spp.

Nicht alle Schildkröten fressen die Blätter bzw. die Blüten der Lichtnelke gleichermaßen gerne. Dennoch bietet diese Futterpflanze eine gute Möglichkeit, das Gehege mit schönen Pflanzen zu bereichern.

J	F	M	A	M	J	J	A	S	O	N	D

Löwenmäulchen, Großes

Antirrhinum majus

Diese Pflanze wird auch als Löwenmaul bezeichnet. Die schönen Blüten sind sehr auffällig und werden von meinen Tieren sehr gerne gefressen. Außerhalb vom Schildkrötengehege kommt diese Pflanze sogar regelmäßig zur Blüte!

J	F	M	A	M	J	J	A	S	O	N	D

Löwenzahn

Taraxacum spp.

MEIN TIPP: Pusteblumen einfach mal bewusst in einer Saatschale zur Keimung bringen!

Ich zähle den Löwenzahn zu der wohl bekanntesten Schildkröten-Futterpflanze. Sowohl die Blätter, als auch die Blüten und der Stängel werden sehr gerne gefressen. Durch die lange Wurzel lässt sich der Lönwenzahn nicht ohne weiteres umsetzen. Es hat sich daher als sehr praktisch erwiesen, die ca. 150 Samen pro Pusteblume gezielt auszusäen.
Die Pflanzen lassen sich gut pikieren und später in das Schildkrötengehege umsetzen.

J	F	M	A	M	J	J	A	S	O	N	D

Lungenkraut, Geflecktes
Pulmonaria officinalis

Meine Tiere fressen im Frühjahr die zarten Blätter des Lungenkrauts. Auch die feinen Blüten sind sehr beliebt. Achtung: Das heimische Lungenkraut (Berg-Lungenkraut, Schmalblättriges Lungenkraut und Weiches Lungenkraut) steht unter Naturschutz! Bitte nicht im Wald etc. sammeln.

J	F	M	A	M	J	J	A	S	O	N	D

Luzerne

Medicago sativa

MEIN TIPP:
Im eigenen Garten oder im Schildkrötengehege sollte man die Pflanze regelmäßig abschneiden, da vor allem die noch frischen Triebe von unseren Schildkröten gerne gefressen werden.

Die Pflanze wird häufig auch als Saat-Luzerne bezeichnet. In der Landwirtschaft findet sie Verwendung als Viehfutter (da sehr eiweißreich). Auf zahlreichen Wiesen wird die Luzerne auch als Gründüngung benutzt.

J	F	M	A	M	J	J	A	S	O	N	D

Malve

Malva spp.

MEIN TIPP: Blätter und Blüten lassen sich prima trocknen!

Malven gehören zu meinen Lieblingspflanzen in der Schildkrötenhaltung! Hierunter zählen z.B. die Wilde Malve *(Malva sylvestris)*, die Wegmalve *(Malva neglecta)* und die Moschusmalve *(Malva moschata)*.
In diesem Buch sind am Beispiel der Malve zahlreiche Arbeitsschritte beim Säen, Pikieren, Umtopfen etc. dokumentiert.

J	F	M	A	M	J	J	A	S	O	N	D

Margerite, Magerwiesen-

Leucanthemum vulgare

Die Magerwiesen-Margerite ist eine mehrjährige Pflanze, die im Schildkrötengehege gut gedeiht. Im Frühjahr werden die kleinen Blätter gern von meinen Tieren gefressen. Durch das schnelle Wachstum wird diese Pflanze jedoch nicht komplett aufgefressen, sonder wächst zu einer schönen Blütenpflanze heran.

J	F	M	A	M	J	J	A	S	O	N	D

Mariendistel

Silybum marianum

MEIN TIPP:
Zu starke Dornen lassen sich mit einer Schere abschneiden!

Die Mariendistel ist eine sehr schöne Pflanze. Die starken Dornen mildern jedoch meine Zuneigung zu dieser Pflanze ein wenig. Den Tieren machen die Dornen wenig aus, wobei ich ehrlicherweise zugeben muss, dass ich zu stark ausgeprägte Dornen vor dem Füttern mit einer Schere abschneide!

J	F	M	A	M	J	J	A	S	O	N	D

Mohn, Klatsch-

Papaver rhoeas

Sowohl die zarten gefiederten Blätter als auch die roten Blüten werden sehr gerne von meinen Tieren gefressen. Es hat sich bewährt, größere Mohn-Pflanzen z.B. mit einem Stab zu fixieren, da die Pflanze bei Regen schnell abknickt bzw. von den Schildkröten zu Boden getrampelt wird.

J	F	M	A	M	J	J	A	S	O	N	D

Moschusmalve
Malva moschata

Auch diese Malvenart ist bei meinen Tieren sehr beliebt. Die eher buschig wachsende Pflanze eignet sich neben der Futterversorgung auch gut als Versteckmöglichkeit.

J	F	M	A	M	J	J	A	S	O	N	D

Nachtkerze, Gemeine
Oenothera biennis

MEIN TIPP: **Ein Hingucker!**

Im ersten Jahr bildet die Nachtkerze nur eine Blattrosette. Diese Blätter werden jedoch nicht von allen Schildkröten gefressen. Im zweiten Jahr wächst ein bis zu 2 Meter hoher Stängel, an dem die Blüten gebildet werden. Die Blütenöffnung ist hierbei sehr interessant. Jeden Abend (bzw. an einem verregneten Tag auch schon eher) öffnen sich innerhalb von nur wenigen Sekunden die einzelnen Blüten. Am nächsten Tag fallen diese Blüten ab, und dienen als sehr wertvolles Schildkrötenfutter. Bis in den Spätherbst wiederholt sich dieses tägliche Schauspiel.

J	F	M	A	M	J	J	A	S	O	N	D

Natternkopf, Gewöhnlicher

Echium vulgare

Die Blätter vom Gewöhnlichen Natternkopf werden im ersten Jahr (Blattrosette) von meinen Tieren gefressen. Im zweiten Jahr erfolgt die Blüte, die vor allem Bienen und Schmetterlinge in den heimischen Garten lockt.

J	F	M	A	M	J	J	A	S	O	N	D

Pippau, Wiesen-
Crepis biennis

Als Jungpflanze lässt sie sich leicht mit dem Löwenzahn verwechseln, da sich die Bätter sehr ähnlich sehen. Nach kurzer Zeit wächst jedoch der aufrechte, karge, aber kräftige Stängel und die gelben Blüten. Im frischen Zustand fressen meine Tiere diese Pflanze beinahe komplett auf. Im getrockneten Zustand werden nur die Blätter und Blüten gefressen.

J	F	M	A	M	J	J	A	S	O	N	D

Raps

Brassica napus

MEIN TIPP:

Als Winterfutter sehr geeignet! Dazu bereits im August aussäen und später an geschützter Stelle im Garten auspflanzen.

Raps ist eine beliebte Kulturpflanze und ist häufig auf landwirtschaftlich genutzten Flächen anzutreffen. Auf den Äckern wird diese Pflanze jedoch während der Kulturdauer mehrfach mit Pflanzenschutzmitteln behandelt. Daher ist dieser Raps als Futterpflanze für unsere Schildkröten nicht geeignet.

J	F	M	A	M	J	J	A	S	O	N	D

Rainkohl, Gemeiner

Lapsana communis

Jungpflanzen sind bei meinen Schildlkröten in deren Gehegen sehr beliebt. Wird die Pflanze größer und kommt zur Blüte, sinkt das Interesse als Futterpflanze. Dies hat zur Folge, dass sich diese Pflanze sehr gut in den Gehegen verbreitet bzw. im Frühjahr regelmäßig nachwächst.

J	F	M	A	M	J	J	A	S	O	N	D

Riesenlöwenzahn bzw. Blattzichorie

Catalogna spp. bzw. Cichorium intybus

MEIN TIPP:
Sehr ergiebig!

Seit vielen Jahren bin ich ein großer Freund vom „Riesenlöwenzahn", eine kultivierte Form der Gemeinen Wegwarte *(Cichorium intybus)*. Die Blätter ähneln dem Löwenzahn bzw. eigentlich – wenn man die blauen Blüten betrachtet – eher der Wegwarte.

Die Pflanze ist sehr ertragsreich, was vor allem bei einem großen Schildkrötenbestand von Vorteil ist. Auch bei der Haltung von tropischen Schildkröten, die artbedingt keine Winterstarre halten, kann so der enorme Futterbedarf über die Wintermonate gewährleistet werden.

J	F	M	A	M	J	J	A	S	O	N	D

Ringelblume

Calendula officinalis

MEIN TIPP:
Bereits Ende März aussäen, dann ab Ende Mai in die Gehege setzen!

Diese typische Bauerngarten-Blume lässt sich sehr schön in unsere Schildkrötengehege einbringen und sorgt bis in den Spätherbst für farbenfrohe Blüten. Die Blätter und Blüten werden von meinen Schildkröten – mal mehr, mal weniger – gern gefressen.

J	F	M	A	M	J	J	A	S	O	N	D

Schafgarbe, Gemeine
Achillea millefolium

Schon ab Februar ist die Schafgarbe im Garten an geschützter Stelle anzutreffen. Bis zur Blüte werden die feinfiederigen Blätter sehr gerne gefressen. Scheinbar verlieren die Schildkröten anschließend „den Geschmack“ daran.

J	F	M	A	M	J	J	A	S	O	N	D

Schlingknöterich
Fallopia baldschuanica

MEIN TIPP:
Wuchert sehr stark; muss häufig zurückgeschnitten werden!

Der Schlingknöterich ist eine sehr stark wuchernde Pflanze. Die einzelnen Triebe wachsen mehrere Meter pro Jahr. Vor allem zur Begrünung von Fassaden, Autobahnzäunen etc. findet diese Pflanze Verwendung. Genügend Fläche vorausgesetzt ist der Schlingknöterich eine sehr ergiebige Futterpflanze.

J	F	M	A	M	J	J	A	S	O	N	D

Schönmalve

Abutilona

Die Schönmalve macht Ihrem Namen alle Ehre! Leider ist diese Pflanze nicht frosthart, so dass ein heller Kellerraum etc. für die Wintermonate vorhanden sein muss. Die Blüten werden von den Schildkröten sehr gerne gefressen.

J	F	M	A	M	J	J	A	S	O	N	D

Sonnenblume

Helianthus annuus

MEIN TIPP:

Bereits Anfang April aussäen und dann sofort Weiterkultur im Frühbeet/ Gewächshaus, ab Mitte Mai ins Freiland!

Von dieser sehr beliebten Gartenpflanze werden von unseren Schildkröten sowohl die rauhen Blätter als auch die schönen Blütenblätter gerne gefressen. Diese teilweise sehr hohe Pflanze muss unbedingt mit einer Wachstumshilfe versehen werden, damit sie nicht umknickt.

J	F	M	A	M	J	J	A	S	O	N	D

Sonnenhut

Echinacea spp.

Die Blätter und Blüten dieser Heilpflanze werden von unseren Tieren sehr gern gefressen. Zudem bietet diese Pflanze eine schöne Pracht im Schildkrötengehege.

J	F	M	A	M	J	J	A	S	O	N	D

Stockrose

Alcea spp.

Stockrosen sind in Bauerngärten häufig anzutreffende Pflanzen. In der Schildkrötenhaltung finden sie ebenso Verwendung. Die Pflanze ist zweijährig bzw. mehrjährig: Im ersten Jahr entsteht die Blattrosette. Die Tiere fressen die Blätter, nutzen diese aber auch als Versteckmöglichkeit. Im bzw. ab dem zweiten Jahr entsteht der kerzengerade, bis zu 2 Meter hohe Stängel, an dem die Blüten sitzen. Diese werden von meinen Schildkröten gern gefressen.

J	F	M	A	M	J	J	A	S	O	N	D

Topinambur

Helianthus tuberosus

MEIN TIPP:

Topinambur ist auch für unsere Küche geeignet!
Achtung: Stark wuchernd.

Der Topinambur wird auch teilweise als Süßkartoffel, Erdbirne oder Erdapfel bezeichnet und gehört zur gleichen Gattung wie die Sonnenblume. Die rauhen Blätter und gelben Blüten werden von meinen Tieren gerne gefressen. Ebenso ist die Wurzelknolle essbar (mehr für den menschlichen Verzehr gedacht).

J	F	M	A	M	J	J	A	S	O	N	D

Studentenblume
Tagetes

ACHTUNG: Zieht Schnecken an.

Zwar typischerweise oft auf Friedhöfen und in Beeten und Balkonkästen angepflanzt, ist diese Pflanze auch für unsere Schildkröten als Futter geeignet.

Die Pflanze ist sehr stark riechend. Nicht alle Schildkröten nehmen diese Pflanze als Futter an.

J	F	M	A	M	J	J	A	S	O	N	D

Taglilie

Hemerocallis spp.

ACHTUNG:
Bitte nicht mit der giftigen Schwert-Lilie verwechseln!

Die Taglilie ist nicht nur eine sehr schöne Gehegepflanze, sondern bietet für unsere Tiere auch leckere Blüten zum Fressen. Außerdem stellen die schmalen Blätter eine gute Versteckmöglichkeit im Gehege dar.

J	F	M	A	M	J	J	A	S	O	N	D
					■	■	■				

Taubnessel

Lamium spp.

Vor allem im Frühjahr bieten Taubnesseln ein gutes Futter für unsere Schildkröten.
Es existieren sehr viele Arten. Häufig anzutreffen sind die Weiße Taubnessel *(Lamium album)*, Goldnessel *(Lamium galeobdolon)* und die Rote Taubnessel *(Lamium purpureum)*.

J	F	M	A	M	J	J	A	S	O	N	D

Veilchen

Viola spp.

Veilchen sind eine kleine „Augenweide“ und sollten in keinem Schildkrötengehege fehlen. Vor allem für die Bepflanzung von Gehegen für Schlüpflinge und Jungtiere sind diese Veilchen sehr gut geeignet.

J	F	M	A	M	J	J	A	S	O	N	D

Vogelmiere, Gewöhnliche
Stellaria media

MEIN TIPP:
Auch ein tolles Wildgemüse für uns Schildkrötenhalter! Enthält sehr viel Vitamin C.

Teilweise sind bereits unter dem Schnee schon erste Triebe der Vogelmiere erkennbar. Diese Pflanze zählt nach der Winterstarre bereits zum ersten Futter. Beinahe das ganze Jahr über hinweg ist die Vogelmiere eine beliebte Futterpflanze.

J	F	M	A	M	J	J	A	S	O	N	D

Plantago spp.

MEIN TIPP:

Diese Pflanze sollte in keinem Gehege fehlen!

Sowohl der Spitzwegerich *(Plantago lanceolata)*, der Mittlere Wegerich *(Plantago media)* und der Breitwegerich *(Plantago major)* sind sehr gute Futterpflanzen für unsere Landschildkröten. Alle meine Tiere fressen den Wegerich sehr gerne. Dieses Futter lässt sich sehr gut anbauen.

J	F	M	A	M	J	J	A	S	O	N	D

Wegwarte, Gemeine

Cichorium intybus

Die Wegwarte zählt zu meinen Lieblingespflanzen für die Ernährung meiner Schildkröten. Beinahe das ganze Jahr über kann dieses Futter im Garten angebaut werden. Die Jungpflanzen ähneln sehr stark den Blättern des Löwenzahns. Spätestens mit der Bildung des Stängels lässt sich die Pflanze vom Löwenzahn unterscheiden.

MEIN TIPP: Ganzjährige Kultur in Töpfen!

Die blauen Blüten der Wegwarte sind nur morgens bzw. vormittags geöffnet. Auch diese werden von den Tieren sehr gerne gefressen.

J	F	M	A	M	J	J	A	S	O	N	D

Weinrebe

Vitis vinifera

Die Blätter der Weinrebe sind bei Schildkröten sehr beliebt. Ab ca. Juni stehen die Blätter bereits als massiges Futter zur Verfügung. Die Früchte (Weintrauben) sind für die Ernährung unserer Schildkröten jedoch nicht geeignet.

J	F	M	A	M	J	J	A	S	O	N	D

Wicke, Zaun-

Vicia sepium

MEIN TIPP:
Auch die Vogelwicke *(Vicia cracca)* ist eine geeignete Futterpflanze!

Wicken sind sehr beliebte Futterpflanzen bei unseren Landschildkröten und verschönern jedes Gehege. Die hartschaligen Samen sollte man erst einige Stunden in Wasser quellen lassen, bevor man sie in die Erde steckt. Dadurch wird die Keimung beschleunigt.

J	F	M	A	M	J	J	A	S	O	N	D

Wiesenknopf, Kleiner

Sanguisorba minor

MEIN TIPP: Auch für die eigene Küche geeignet z. B. für die hessische Grüne Soße!

Die Pflanze wird auch als Pimpinelle oder Pimpernelle bezeichnet. Regelmäßig abgeschnitten wachsen die zarten Blätter und Stängel ständig nach und sorgen bis in den Spätsommer für Schildkrötenfutter.

J	F	M	A	M	J	J	A	S	O	N	D

Winde, Acker-

Convolvulus arvensis

ACHTUNG: Die Prunkwinde ist sehr giftig!

Viele Hobbygärtner haben kaum Gefallen an dieser schönen Blütenpracht, denn diese Winde verbreitet sich sehr schnell und sorgt mancherorts für großen Unmut.
Unter Schildkrötenfreunden ist diese Pflanze sehr beliebt, da sie abwechslungsreiches Futter bietet. Gegen zu starkes Wachstum muss man jedoch hin und wieder eingreifen!

J	F	M	A	M	J	J	A	S	O	N	D

Witwenblume, Acker-
Knautia arvensis

Diese Pflanze kenne ich aus unseren Wiesen und Feldern. Aber auch im Habitat Europäischer Landschildkröten habe ich diese Pflanze in Bulgarien angetroffen. Die Tiere fressen die krautigen Blätter und zarten Blüten sehr gerne.

J	F	M	A	M	J	J	A	S	O	N	D

Engelstrompete *(Brugmansia spp.)*

Auch diese Pflanze gilt als hochgradig giftig (auch für uns Menschen). Es versteht sich von selbst, dass sich solch eine Pflanze nicht im oder in der Nähe eines Schildkröten-Geheges befindet. Übrigens: Bitte achten Sie auch darauf, dass der Wind Blätter oder Blüten meterweit befördern kann! Das gilt natürlich nicht nur für die Engelstrompete.

Fingerhut *(Digitalis spp.)*

Der Fingerhut ist für Schildkröten giftig. Trotz seiner Blütenpracht sollte er nicht im Gehege angepflanzt werden.

Ginster *(Genista spp.)*

UNGEEIGNETE PFLANZE

Wie bereits beschrieben sind z. B. zahlreiche Habitate auf Sardinien mit Ginster versehen. Ich würde diese Pflanze jedoch nicht im Gehege einpflanzen. Es gibt genügend weitere (ungiftige!) Alternativen.

Hahnenfuß *(Ranunculus spp.)*

Alle Hahnenfußarten sind mehr oder weniger giftig, und für Schildkröten daher nicht als Futter geeignet.

Jakobs-Kreuzkraut bzw. Jakobs-Greiskraut *(Senecio jacobaea)*

GIFTIGE PFLANZE

Das Jakobs-Kreuzkraut gilt nicht nur in der Landwirtschaft als sehr giftige Pflanze. Ich würde dies auch auf unsere Schildkröten beziehen. Die Pflanze sollte mitsamt der Wurzel entfernt und über den Restmüll entsorgt werden.

Maiglöckchen ***(Convallaria majalis)***

Die Blätter und Blüten gelten für diverse Haustiere als giftig. Der Sicherheit halber würde ich diese Pflanze aus dem Schildkröten-Gehege entfernen.

Narzissen *(Narcissus spp.)*, Hyazinthen *(Hyacinthus spp.)*, Perlhyazinthen *(Muscari spp.)*, Krokusse *(Crocus ssp.)*

GIFTIGE PFLANZE

Auch wenn die ersten Blüten im Frühjahr für uns Schildkrötenhalter sehr verlockend sind, sind alle Narzissen, wie z. B. Osterglocken, giftig und nicht für unsere Schildkröten-Gehege geeignet. Gleiches gilt auch für u.a. Hyazinthen, Krokusse und Perlhyazinthen.

Oleander ***(Nerium oleander)***

Auch wenn unsere Schildkröten die jungen Triebe des Oleanders und sogar die Blüten anscheinend mit Genuss verspeisen, würde ich alternative Pflanzen zum Oleander in den Gehegen verwenden.

Olivenbaum *(Olea europaea)*

UNGE-EIGNETE PFLANZE

Wenn ich an meine Ausflüge in die Habitate verschiedener Landschildkrötenarten zurückblicke, dann sind mir vor allem in Griechenland wunderschöne Olivenbäume im Gedächtnis geblieben. Dort werden sie von der Bevölkerung als „heilige Bäume der Antike“ bezeichnet. Über die Verwendung als Gehegepflanze lässt sich auch hier wieder einmal „streiten“. Die Blätter sollen Oleanolsäure enthalten, die für eine giftige bzw. ungeeignete Pflanze sprechen würden. Auf der anderen Seite kenne ich viele Schildkrötenhalter, die einen Olivenbaum im Schildkröten-Gehege als mediterrane Pflanze äußerst attraktiv finden und für Schildkröten als unbedenklich beschreiben. Hier muss jeder Halter für sich selbst entscheiden, ob diese Pflanze Einzug im Garten finden darf. Ich möchte jedoch an dieser Stelle erwähnen, dass die meisten Olivenbäume nicht wirklich winterhart sind, und somit z. B. im Gewächshaus, in einer helle Garage etc. überwintert werden müssen.

Pilze ***(Fungi spp.)***

GIFTIGE PFLANZE

Es gibt giftige und ungiftige Pilze. Oftmals ist eine genaue Bestimmung durch den Halter nicht möglich. Es sind bereits einige Schildkröten nach dem Fressen von giftigen Pilzen verstorben. Hier ist äußerste Vorsicht geboten!

Rhabarber ***(Rheum rhabarbarum)***

GIFTIGE PFLANZE

Der Rhabarber ist eine beliebte Nutzpflanze, welche häufig im Garten anzutreffen ist. Bereits im Frühjahr bildet die Pflanze am Stiel sehr große Blätter. Daher kommt häufig unter Schildkrötenhaltern die Frage auf, ob diese Blätter als Schildkrötenfutter geeignet sind. Die Pflanze hat einen sehr hohen Oxalsäurewert. Auch wenn andere oxalsäurehaltige Pflanzen (z. B. Fetthennen) als Futter verwendet werden können, würde ich den Rhabarber jedoch nie als Futter verwenden.

Rittersporn ***(Consolida spp., Delphinium spp.)***

GIFTIGE PFLANZE

Diese für zahlreiche Haus- und Heimtiere giftige Pflanze sollte ebenso aus dem Gehege entfernt werden.

Sauerampfer ***(Rumex acetosa)***

UNGEEIGNETE PFLANZE

Der Sauerampfer enthält „mäßig" Oxalsäure. Wenn die Tiere mit zahlreichen unterschiedlichen Pflanzen ernährt werden, sollte das nicht zur Gefahr werden. Jedoch würde ich den Sauerampfer aufgrund seines starken Wachstums nicht in die Schildkröten-Gehege setzen.

Eine einzelne Pflanze wäre jedoch eher nicht schädlich.

Schöllkraut *(Chelidonium majus)*

GIFTIGE PFLANZE

Das Schöllkraut ist bereits im zeitigen Frühjahr in großen Mengen anzutreffen. Die Blätter und sogar die Wurzeln sind jedoch giftig.

Tomaten *(Solanum lycopersicum)*

GIFTIGE PFLANZE

Das Kraut (Blätter und Stängel der) Tomaten ist giftig.
Die Frucht ist für die Schildkrötenernährung nicht geeignet.

Tulpen *(Tulipa spp.)*

Tulpen sind teilweise giftig. In der Schildkrötenhaltung sollte man sie besser aus den Gehegen entfernen.

UNGEEIGNETE PFLANZE

GIFTIGE PFLANZE

Wolfsmilchgewächse *(Euphorbiaceae spp.)*

Alle Wolfsmilchgewächse sind teilweise sehr giftig. Alle Pflanzen dieser Art sind aus den Gehegen zu entfernen.

GIFTIGE PFLANZE

VII Futteranbau im eigenen Garten

Dieser kleine Pflanztisch macht mir das Pikieren, Umtopfen etc. auf Arbeitshöhe leichter!

Die im folgenden Kapitel beschriebene Arbeit bereitet mir persönlich sehr große Freude! Ich bin sehr gerne in meinem Garten und habe großen Gefallen am Beobachten meiner Tiere in deren naturnah eingerichteten Gehegen. Aber auch das Aussäen, Pikieren, Umtopfen, Auspflanzen etc. von diversen Futter- und Gehegepflanzen macht mir sehr viel Spaß. Zudem finde ich es sehr wichtig, dass sich jeder Schildkrötenhalter auch mit diesem Thema auseinander setzt. Wie auch mit jedem Aspekt der Haltung von Schildkröten muss man auch dem Anbau von Pflanzen eine große Beachtung schenken. Viele Halter beklagen Misserfolge bei der Pflanzenzucht. Das soll sich mithilfe des vorliegenden Buches bzw. Kapitels nun ändern!
Es gibt natürlich Unterschiede im Futteranbau. Dies steht in Abhängigkeit von der Anzahl der zu pflegenden Schildkröten. Für diesen Zweck habe ich mir erlaubt, uns Schildkrötenhalter bzw. -züchter pauschal in drei Kategorien „einzuordnen“, was den Aufwand des Futteranbaus anbelangt:

„Hobby-Halter“ (ca. 1–5 Tiere): Futteranbau ist außerhalb des Schildkröten-Geheges in ein paar wenigen, kleinen Töpfen nützlich.

„Hobby-Züchter“ (ca. 10–30 Tiere): Die benötigte Futtermenge wird außerhalb der Schildkröten-Anlage „beetähnlich“ bzw. im Gewächshaus herangezogen.

„Zucht im gewerblichen Sinne“ (ab ca. 50 Tieren): Produktion der Futterpflanzen im „großen Stil“; hier eignet sich ein separates Gewächshaus bzw. Gärtnereiflächen sehr gut. Das wird es zwar in der Realität eher nicht geben, aber es wäre ein anzustrebendes Ziel (!), um große Mengen an Schildkröten mit optimalem Futter zu versorgen.

Es versteht sich von selbst, dass der Aufwand zwischen 2 und 80 Schildkröten unterschiedlich ist. Dies hat nicht nur mit der eigentlichen Pflege bzw. Überprüfung der Tiere zu tun. Auch andere Faktoren wie Gehegegestaltung, Reinigungsarbeiten, Instandhaltungsarbeiten (an Frühbeet/Gewächshaus, Elektrik etc.), Winterstarre-Quartiere sowie „Futter-Management" (Anbaufläche, Intervall, Masse) sind verschieden.
Natürlich muss der Halter von beispielsweise insgesamt drei Schildkröten nicht wöchentlich oder monatlich neue Pflanzen aussäen – oder sogar eine Anbaufläche in einer Gärtnerei pachten (ich spreche aus eigener Erfahrung!). Ich würde mich jedoch sehr – im Interesse Ihrer Tiere – freuen, wenn das Thema Futterversorgung und Aussaat allgemein intensiver behandelt wird. Vielleicht lernen Sie durch mein Buch auch neue Pflanzen kennen oder beschäftigen sich anschließend näher mit dem Thema der Aussaat …

Utensilien als kleine praktische Helfer beim Futteranbau

Der Pikierstab ist hervorragend geeignet, um Keimlinge oder kleine Pflanzen zu vereinzeln. Dabei wird ein kleines Loch in die Erde geformt. Anschließend wird die kleine Pflanze eingesetzt und mit dem Pikierstab vorsichtig festgedrückt.

Mittels Pikierstab (blau) können Sie bequem noch kleine Pflanzen aus einem Behältnis herauszunehmen (siehe Foto Topfplatte), um diese dann anschließend in einen Topf oder direkt ins Freiland umzusetzen.

Topfplatten, ideal geeignet, um große Mengen an Pflanzen unterzubringen

Anzuchtschale

Gewöhnliche Kunststofftöpfe

Saatschalen

Torfquelltöpfe

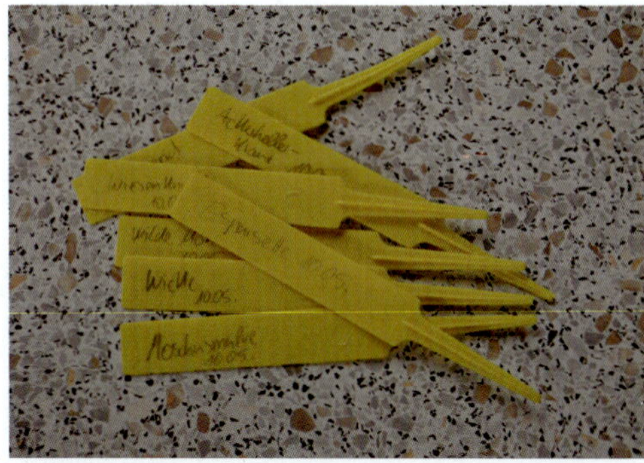

Beschriftungsschilder

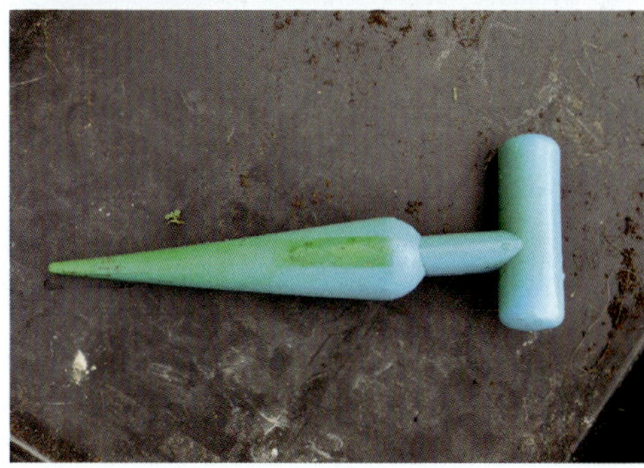

Mit dieser Pflanzloch-Hilfe lassen sich mühelos Löcher in den Boden einarbeiten, um anschließend Pflanzen darin einzusetzen.

Verschiedene Erden

Der Handel bietet neben der „Universal-Blumenerde" verschiedene speziell auf unterschiedliche Anwendungsbereiche abgestimmte Substrate an. Inzwischen verwende ich ausschließlich sehr hochwertige Erden aus dem Fachhandel (z. B. aus der Gärtnerei, dem Landhandel oder Baumarkt), da ich mit der „Billig-Erde" schlechte Erfahrungen gemacht habe. Teilweise waren dort Fremdbestandteile wie Glasscherben, Keramikteile, Kunststoff etc. oder nicht bzw. nicht komplett verrottete Pflanzenteile vorhanden. Außerdem ist diese Erde meist sehr staubig, qualitativ sehr schlecht, manchmal mit Schädlingen (Tieren) oder Schimmel behaftet. Oft sind auch Samen nicht gewünschter Pflanzen darin enthalten. Zudem sind die Aussichten auf eine ertragreiche

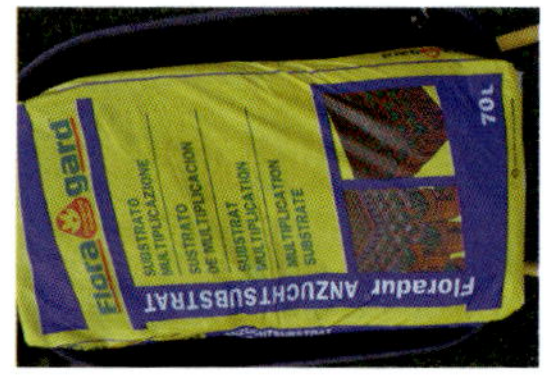

Hochwertige Erden des Herstellers Floragard

Ernte bei qualitativ hochwertiger Blumenerde um ein Vielfaches höher.

Unter „Billig-Erde“ verstehe ich Blumenerde, die zu einem Preis von umgerechnet ca. 0,04 €/Liter angeboten wird. Das ergibt bei einem großen Sack Blumenerde (70 Liter) einen Preis von unter 3 €. „Qualitäts-Blumenerde“ kaufe ich zu einem Preis von ca. 12–15 € pro Sack (70 Liter), also umgerechnet ca. 0,20 €/Liter.

Folgende Erden empfehle ich:

- **Anzuchterde/Aussaaterde:** speziell für den Keimvorgang zusammengesetzte und feine Erde, ohne Dünger bzw. mit nur sehr wenig Dünger,
- **Pikier-Erde:** sehr feines Substrat, in das sich die Pflanzen gut vereinzeln lassen, ohne Dünger bzw. mit nur sehr wenig Dünger, damit die zarten Wurzeln nicht durch diese Düngerbestandteile angegriffen werden bzw. „verbrennen“,
- **Topferde:** mäßig gedüngte Erde, ideal zum Umtopfen in Gefäße etc.,
- **„Schildkröten-Substrat“ Floragard® Spezial-Substrat:** ohne zusätzlichen Dünger, eignet sich hervorragend, um neue Pflanzen in die Schildkröten-Gehege zu setzen.

Dass es unterschiedliche „Qualitäten“ gibt, konnte ich in einem Erden-Test erkennen. Am Beispiel von Rucola habe ich verschiedene Substrate gleicher Menge in Saatschalen gegeben und eine vorher definierte Samenkorn-Anzahl gleichmäßig verteilt.

Versuchsaufbau im Gewächshaus: verschiedene Erden im Vergleich

Die Keimung verlief bei allen Erden gleichermaßen gut. Aber nach einer Woche stagnierte das Wachstum der Keimlinge, die in der „Billig-Erde" ausgesät wurden. Die Pflanzen sind einfach nicht mehr weiter gewachsen und verkümmert. Das „Schildkröten-Substrat" hat in meinem Test sehr gut abgeschnitten. Das Wachstum war in den ersten zwei Wochen sehr gut. Dann aber sind die Pflanzen nicht mehr so stark nachgewachsen. Die Anzucht-, Pikier- und dauergedüngte Erde brachten die besten Pflanzenergebnisse bzw. die größten und stärksten Pflanzen. Der Rucola ist darin hervorragend gewachsen und durfte anschließend auf meinem Speiseteller landen!

„Billig-Erde" vs. hochwertige Qualitäts-Erde

Resultat für meine Schildkröten-Haltung: Zwar ist das „Schildkröten-Substrat" nicht wirklich für die Zucht von Salat geeignet. Aber als ungedüngte Erde für die Aussaat bzw. für das Aussetzen der Pflanzen in das Schildkröten-Gehege hat sich dieses Substrat hervorragend bewährt. Natürlich ist dieses Spezial-Substrat des Herstellers Floragard auch für Frühbeete, Gewächshäuser, Winterstarre-Kisten etc. ideal geeignet.

Resultat für den Futteranbau: Ich verwende stets Qualitäts-Erde zur Anzucht bzw. zum Kultivieren der Pflanzen.

Eine Gießkanne mit möglichst feinem Brauseaufsatz sollte nie fehlen. Gerade bei Jungpflanzen ist dieser Aufsatz sehr von Vorteil, damit die feinen Triebe nicht durch eine große Wassermenge erdrückt werden.

Mittels Sprühflasche, die ich auch bei der Schildkröten-Haltung als Wasserzerstäuber verwende, können Saatschalen fein bewässert werden. Bei dieser dosierten Art des „Gießens“ werden die Samen nur leicht angefeuchtet, und nicht durch einen starken Strahl der Gießkanne bzw. Brauseaufsatz weg geschwemmt.

Sprühflasche/Wasserzerstäuber für das Anfeuchten von Samen bzw. zarten Keimlingen

Keimung:

Damit Pflanzen erfolgreich keimen können, benötigen sie besondere Faktoren, die ich an dieser Stelle vorstellen möchte.

Als **Lichtkeimer** bezeichnet man Pflanzen, die neben den sonst erforderlichen Komponenten Wasser und Wärme zusätzlich Licht benötigen. Meist sind es „feine“ Samen (z. B. Habichtskraut), die nur auf die leicht feuchte Erde gelegt – bzw. vorsichtig angedrückt – werden sollten. Durch den Kontakt zur Erde nehmen sie Feuchtigkeit auf und beginnen zu keimen. Direkte Sonneneinstrahlung sollte möglichst vermieden werden. Dadurch wird das Substrat sehr schnell ausgetrocknet und die Samen am Keimprozess gehindert.

Die Samen der **Dunkelkeimer** werden erst dann zum Keimen gebracht, wenn sie direkt von Erde umgeben sind. Natürlich spielen auch hier die Faktoren Wasser und Wärme eine große Rolle. Bei hartschaligen bzw. „dicken“ Saatkörnern hat es sich bewährt, die Samen für einige Stunden in Wasser einzuweichen. Diesen Vorgang des Vorquellens ist z. B. bei der Wicke und Kapuzinerkresse von Vorteil. Durch die direkte Wasseraufnahme wird die anschließende Keimung in der Erde beschleunigt.

Um den Keimprozess bei **Kaltkeimern** (auch Frostkeimer genannt) überhaupt auszulösen, müssen die Samen eine Kälte- oder Frostperiode überstanden haben. Um diesen Vorgang künstlich auszulösen, kann z. B. ein Kühlschrank zweckentfremdet werden.

Feuerkeimer (sog. Pyrophyten) sind zwar in unseren Breiten eher selten anzutreffen. Aber die Tatsache, dass diese extreme Temperaturen bzw. durch ein Feuer erzeugte Stoffe wie z. B. Rauch benötigen, um zu keimen, finde ich doch sehr erwähnenswert. Diese sind aber wohl für unsere „Schildkröten-Pflanzen“ nicht relevant.

Die entsprechenden Keimarten sind auf den Samenpackungen aufgedruckt. Teilweise finden sich die Informationen dazu auch im Internet. Ich habe jedoch schon oft die Erfahrung gemacht, dass sogar innerhalb einer Pflanzenart verschiedenes Keimverhaltensweisen auftreten. Beispielsweise haben Malven je nach Art andere Keimbedürfnisse. Die Blaue oder Wilde Malve ist als Dunkelkeimer einzustufen. Die Algerische Malve habe ich jedoch anfangs nur sehr schwer zum Keimen gebracht. Erst nach einem Kältereiz (im Kühlschrank!) konnte der Samen keimen. Durch Versuche, Recherche etc. gelangt man jedoch meistens zum Ziel!

Kaltkeimer im Kühlschrank! Der Deckel dieser Kunststoffdose ist nur zu Fotozwecken entfernt worden.

Faktoren der Aussaat

- Wasser
- Temperatur
- Helligkeit (Lichtkeimer/Dunkelkeimer)
- Substrat
- Qualität der Samen
- Platz
- Aussaat-Zeit

Aussaat:

In der Regel werden alle Samen als Vorkultur in Schalen, Töpfen etc. ausgesät. Ich habe damit die besten Erfahrungen gemacht und gute Erfolge erzielt. Die Aussaat direkt ins Freiland oder Schildkröten-Gehege ist mit eher wenig Erfolg gekrönt, weil die Schildkröten die zarten Keimlinge auffressen bzw. die Pflanzen nicht immer idealen Bedingungen zum Keimen bzw. Wachsen vorfinden. Der Vorteil bei der Vorkultur ist, dass ich die Pflanzschalen alle an einem Ort (Haus oder Gewächshaus) aufstellen und „pflegen" kann.

Aussaat von Samenmischungen in einzelne Kunststofftöpfe. Diese werden später als größere Pflanzen direkt in das Schildkröten-Gehege gesetzt.

11. August

17. August

27. August

Samenmischungen können auch in größere Töpfe gesät werden. Die Pflanzen können hier ordentlich wachsen, ehe sie später verfüttert werden.

11. August: Aussat

17. August: Keimverhalten ersichtlich

27. August: bereits gut gewachsene Jungpflanzen

Bei der Verwendung solcher Anzuchtschalen müssen die Keimlinge bzw. Jungpflanzen anschließend vereinzelt (pikiert) und ggf. umgetopft werden. Dies ist vor allem bei Einzelsaaten bzw. größer wachsenden Pflanzen von Vorteil (z. B. Löwenzahn, Wegwarte, Malve, Königskerze, Kapuzinerkresse).

Bei der Aussaat ab Ende März ist es von Vorteil, die Pflanzen während der Keimphase im Haus zu halten. Die warmen Temperaturen sind hier für das Keimen verantwortlich. Unmittelbar nach der Keimung sollte man die Pflanzen allerdings schon in ein Frühbeet oder Gewächshaus überführen, sobald die kleinen Pflanzen eine Größe von ca. 0,5–1 cm aufweisen. Im Frühbeet oder Gewächshaus steht den Pflanzen ein geeigneteres Licht zur Verfügung. Im Haus herangezogene Pflanzen werden sehr schnell sehr groß, bilden aber keine stabilen Pflanzentriebe aus. Manche knicken mit der Zeit um oder stellen das Wachstum ein. Alternativ könnte man an dieser Stelle mit speziellen Pflanzenlampen arbeiten, damit ein besseres Wachstum im Haus möglich ist. Dies habe ich allerdings für meine Schildkrötenpflanzen noch nicht ausprobiert, da ich mit der zuvor genannten Methode sehr gute Erfahrungen gemacht habe.

Vor allem im Frühjahr bietet sich die anfängliche Keimphase im Haus wegen der doch noch recht niedrigen Außentemperatur an. Die meisten Pflanzen benötigen ca. 15–20 °C, um zu keimen. Im Haus ist dies kein Problem. Bitte stellen Sie jedoch die Schalen tagsüber nicht in die direkte Sonne. Die erhöhte Temperatur bringt hier keinen Vorteil. Der einzige Nachteil hingegen ist die schnellere Austrocknung der Erde durch die Sonneneinstrahlung.

Pflanzenversuch: Alle Versuchspflanzen wurden zur gleichen Zeit ausgesät und im Wohnhaus zur Keimung gebracht. Die rotmarkierte Pflanze erzielte das beste Ergebnis: Unmittelbar nach der Keimung (nur 2 Tage!) wurde die Pflanze (ca. 0,5 cm hoch) in das Gewächshaus überführt und wuchs dort langsam – aber eben gesund – unter natürlichen Licht- und Temperaturreizen weiter.

Die olivmarkierte Pflanze blieb ein wenig länger im Wohnhaus. Erst nach 4 Tagen stellte ich den Topf in das Gewächshaus.

Die im Test am schlechtesten gewachsene Pflanze (gelbe Markierung) blieb 1 Woche im Wohnhaus. Dann überführte ich auch diesen Topf in das Gewächshaus. Das nun folgende, sehr unterschiedliche Wachstum können Sie auf den drei Fotos erkennen.

11. Juni

14. Juni

29. Juni

Auffällig ist, dass bei der gelbmarkierten Pflanze nur noch 1 einzelne Malve überlebt hat. Alle anderen viel zu hoch und unstabil gewachsenen Jungpflanzen sind abgeknickt und abgestorben. Die olivmarkierte Testpflanze ist zwar auch in einem guten Zustand. Bei genauerer Betrachtung fallen jedoch die ein wenig verkümmerten und frühzeitig verzweigten Blätter bzw. Vergabelungen auf.

Nach der Keimung werden die Pflanzen entweder komplett in diesen Gefäßen belassen, oder aber eben weiter pikiert, umgetopft oder ausgepflanzt.

Für die Aussaat eignet sich eine spezielle Aussaaterde hervorragend. Diese ist nur sehr schwach gedüngt und daher sehr gut für die Keimlinge geeignet. „Normale Blumenerde“ ist sehr „scharf“, was zum Verbrennen der Keimlinge bzw. der feinen Wurzeln führen kann. Durch eine zu hohe Düngekonzentration bzw. verschiedene Salze im Dünger können die kleinen Pflanzen kein Wasser mehr aufnehmen. Dies führt u. a. zur Schädigung der Jungpflanzen.

Für den Keim-Prozess wird stets Wasser benötigt! Die ersten Tage bis zur Keimung halte ich die Erde relativ nass. Wenn die Samen zu keimen beginnen, halte ich die Erde zwar immer noch stets feucht, es soll aber keine Staunässe mehr entstehen. Zuviel Wasser würde die Entwicklung des Keimlings behindern bzw. die kleinen Pflanzenteile würden verfaulen.

Bitte achten Sie auf die Aussaatmenge der Samen. Häufig wird viel zu viel Samen in die Keimschale, Töpfe oder das Freiland ausgebracht. Die Pflanzen behindern sich dann gegenseitig am Wachstum. Die entsprechende Aussaatmenge ist häufig auf den Samenpackungen aufgedruckt. Ich glaube jedoch, dass man dies mit der Zeit „in der Hand hat“. Bei der Verwendung von Samenmischungen hat es sich als vorteilhaft erwiesen, wenn das Saatgut vor dem Aussäen gut durchgemischt wird, damit mit der ersten Aussaat nicht nur die groben Samenkörner verteilt werden.

Anstelle des Pikierens kann man Pflanzen auch in sogenannten Topfplatten anziehen, und später umtopfen. Eine Topfplatte besteht aus vielen kleinen Töpfchen, die in einer Art Einheit zusammengefasst werden. Vor allem bei einem etwas größeren Pflanzenbedarf ist dies sehr empfehlenswert. Malven lassen sich bequem direkt in Topfplatten aussäen. Wenn die Pflanzen eine Höhe von ca. 6–10 cm haben, werden sie mit dem kompletten Erdballen entweder umgetopft (siehe übernächster Absatz) oder direkt in das Freiland gesetzt.

Bei der Aussaat ist manchmal sehr viel Geduld gefragt! Vor allem Wildkräuter benötigen für die Keimung häufig sehr viel Zeit (teilweise mehrere Wochen). Deswegen bitte nicht zu früh die Töpfe etc. wegstellen oder ausschütten.

Zuletzt noch ein Hinweis, der bei allen Aussaaten von Vorteil ist: Bitte beschriften Sie die Töpfe etc. nicht nur mit dem Namen der Pflanze. Auch das Notieren des genauen Datums der Aussaat – und sogar des Pikierens, Umtopfens etc. – finde ich wichtig. So können Sie später – nach erfolgreicher Pflanzenzucht – überprüfen, ob der entsprechende Zeitpunkt ggf. verschoben werden sollte. Das lässt Sie eigenständig den richtigen Zeitpunkt der Aussaat ermitteln.

Sie können die Vorlage am Ende des Buches kopieren oder Sie können sie herunterladen bei: www.schildkroetenfreund.de

Pikieren:

Vor allem im Gemüseanbau werden Pflanzen häufig pikiert. Bei diesem „Vereinzeln“ der Pflanzen werden die „stärkeren“ Pflanzen den „Kümmerlingen“ vorgezogen oder einzelne Pflanzen in Reihe oder Topf gesetzt, damit der einzelnen Pflanze genügend Platz zur Verfügung steht.

Diese Jungpflanzen wurden in einen Topf pikiert. Hier muss der Abstand bzw. die Menge an Pflanzen auf die zu erwartende Größe berücksichtigt werden.

Vorsichtig wird mit dem Pikierstab (alternativ Holzstab, Bleistift etc.) möglichst viel Erde an der kleinen Pflanze bzw. an den feinen Wurzeln belassen. Anschließend wird die Pflanze in das zuvor mit dem Pikierstab vorbereitete Loch gesetzt (in Topf, Schale oder direkt in das Freiland). Dabei wird die zu pikierende Pflanze mit dem Pikierstab (teilweise auch mit dem Finger) sanft angedrückt und vorsichtig angegossen (z. B. mit einem feinen Brauseaufsatz).

Beim Pikiervorgang ist der richtige Zeitpunkt sehr entscheidend. Die Pflanzen dürfen noch nicht zu groß sein. In der Regel pikiere ich die Pflanzen, wenn sie eine Höhe von ca. 1 bis 3 cm aufweisen.

Zu große Pflanzen sind bereits schon derart verwurzelt, dass es beim Vereinzeln zu Schädigungen am Wurzelwerk kommt. Dies ist manchmal leider auch bei noch kleinen Pflanzen zu erkennen. Dann wachsen die Pflanzen in den ersten Tagen sehr schlecht an.

Umtopfen:

Mit der Zeit können die Gefäße für die wachsenden Pflanzen zu klein werden. Nun kann in größere Töpfe etc. umgesetzt werden; oder aber auch direkt in das Freiland (Garten oder Schildkröten-Gehege) ausgepflanzt werden.

In diesem Beispiel wird eine kleine Pflanze der blauen Malve vorsichtig mitsamt Erdballen aus der Topfplatte gelöst (a). In den bereits mit Anzuchterde vorbereiteten Kunststofftopf (b+c) wird die Pflanze hineingestellt (d) und dann vorsichtig mit weiterer Erde festgedrückt (e). Anschließend wird die umgetopfte Pflanze gegossen (f).
Die hier gezeigten Pflanzen wurden am 4. Mai im Wohnhaus direkt in Topfplatten ausgesät (siehe Fotos der Aussaat im Absatz zuvor), und am 1. Juni umgetopft. In diesem Beispiel wird eine kleine Pflanze der blauen Malve vorsichtig mitsamt Erdballen aus der Topfplatte gelöst (a). In den bereits mit Anzuchterde vorbereiteten Kunststofftopf (b+c) wird die Pflanze hineingestellt (d) und dann vorsichtig mit weiterer Erde festgedrückt (e). Anschließend wird die umgetopfte Pflanze gegossen (f).

Die hier gezeigten Pflanzen wurden am 4. Mai im Wohnhaus direkt in Topfplatten ausgesät (siehe Fotos der Aussaat S. 237) und am 1. Juni umgetopft.

Auspflanzen:

Die meisten Pflanzen sind nicht für eine Dauerkultur in Töpfen vorgesehen. Zumindest bei den Futter- und Gehegepflanzen ist es mein Ziel, dass diese Pflanzen später in den Gehegen wachsen.

In nur kleinen bzw. niedrigen Schalen oder Töpfen verwurzeln die Pflanzen sehr schnell. Dann wird es Zeit für ein größeres Gefäß bzw. für das Auspflanzen ins Freiland.

Beim Auspflanzen kommt es schon auf den bekannten „grünen Daumen“ an! Zumindest ist es wichtig, die Pflanzen kräftig – aber vorsichtig – anzudrücken, damit sie mit der neu umgebenen Erde Anschluss bekommen. Anschließend wird großzügig angegossen (schließlich kann das überschüssige Wasser nun in der Erde versickern).

Wie kann ich vor allem kleine oder gerade erst eingesetzte Pflanzen im Gehege vor unseren Schildkröten schützen? Mit dem folgenden – zugegeben nicht sehr schönen, aber dennoch sehr praktischen – „Pflanzenschutz“ können auch noch so begehrte Futterpflanzen im Gehege heranwachsen, ohne gleich von den Tieren komplett aufgefressen zu werden. Dabei wird der Boden eines Kunststoff-Eimers mit einem scharfen Messer vorsichtig entfernt und anschließend über die Pflanzen gestülpt. Nun können die Pflanzentriebe wachsen. Sind die Pflanzen groß genug, entferne ich diesen praktischen Schutz. Vor allem noch kleine Pflanzen kann man hiermit schützen, damit sie nicht zertreten oder abgefressen werden. Vorwiegend bei Pflanzen wie z. B. bei Fetthennen, Funkien, diversen Malven oder Glockenblumen kommt dieser Eimer in meinen Gehegen zeitweise zum Einsatz.

Solch ein „Eimer ohne Boden“ ist sehr praktisch, wenn man eine sehr begehrte Futterpflanze in das Gehege setzen möchte. Durch diesen Schutzring kann die Pflanze an Höhe gewinnen, ohne gleich komplett niedergetrampelt oder abgefressen zu werden. Diese Malven kennen Sie bereits von den zuvor gezeigten Anleitungen (Aussaat in Topfplatten am 4. Mai bzw. das Umtopfen am 1. Juni). Auf dem jetzigen Bild sind jedoch weitere 3 Wochen vergangen (29. Juni).

Anstelle eines kleinen Eimers gibt es auch größere Alternativen in Form einer abgeschnittenen Regentonne!

Geeignete Abfolge für eine erfolgreiche Futterpflanzenzucht:

Es gibt mehrere Möglichkeiten, um zu gut gewachsenen Pflanzen zu gelangen. Diese Reihenfolge finde ich in meiner Schildkrötenhaltung jedoch sehr geeignet:

Aussaat in Schalen (wetterbedingt im Frühjahr z. B. Vorkultur im Haus in Schalen), später pikieren in z. B. Töpfe, ggf. umtopfen und dann auspflanzen (z. B. ab Mitte Mai ins Freiland).

Eine weitere Möglichkeit ist es, die Pflanzen in etwas größeren Töpfen oder in Aussaattöpfchen keimen zu lassen. Hier entfällt der Vorgang des Pikierens. Nach wenigen Wochen kann umgetopft oder direkt ausgepflanzt werden.

Fotostrecke: Vom Saatkorn zur ausgewachsenen Futterpflanze; Beispiel Riesenlöwenzahn *(Catalogna spp.)*

02.04.: Aussaat auf Anzuchterde in der Wohnung; Lichtkeimer; Erde mit Wasserzerstäuber bis zur Keimung stets nass halten

04.04.: Samen keimen, ab sofort Erde nur noch leicht feucht halten

09.04.: Kronblätter entstehen

09.04.: Pikieren der kleinen Pflanzen (ca. 1 cm)

09.04.: 10 Minuten später ist eine komplette Topfplatte mit über 50 kleinen Pflanzen fertig pikiert. Zu dieser Jahreszeit war es noch recht kalt. Ich habe mich entschieden, die zarten Pflanzen in den Topfplatten weiterhin im Wohnhaus zu belassen.

18.04.: Deutliches Wachstum erkennbar; Überführung der Topfplatten vom Wohnhaus in das Gewächshaus (deutlich bessere Lichtverhältnisse und Temperaturreize).

28.04.: Rasantes Wachstum im Gewächshaus.

04.05.: Aufgrund nicht mehr zu erwartender starker Frostperioden habe ich die Pflanzen bereits in das Freiland gesetzt.

30.05.: „Fertiges“ Schildkrötenfutter! Nun kann laufend „geerntet“ werden.

03.01.: Sogar über ein halbes Jahr später ist die Pflanze immer noch als Schildkrötenfutter nutzbar; z. B. für den Fall von „winterwachen“ (also kranken) Tieren, die keine Winterstarre halten dürfen. In diesem Fall ist es von Vorteil, wenn man die Pflanzen gegen Schnee abdeckt.

Standort

Wie bereits erwähnt, werden die Pflanzen bei mir entweder im Haus, Frühbeet oder Gewächshaus vorgezogen. Auch die Anzucht im (übrigen) Garten ist natürlich möglich. Dabei sollten die Pflanzgefäße nicht mitten im Garten in der prallen Sonne stehen. Gerade bei der Keimung und beim Heranwachsen kann ein zu viel an Sonne auch das Wachstum behindern. Dann ist z. B. ein eher abgelegener, schattiger Platz von Vorteil (bitte aber dort nicht vertrocknen lassen!). Sind die Pflanzen bereits größer, bedürfen sie dann je nach Art unterschiedlicher Standorte (z. B. Schatten, Halbschatten, Sonne).

Gießen

Bei der Kultur von Pflanzen in Töpfen oder anderen Gefäßen wird erfahrungsgemäß entweder zu viel oder zu wenig gegossen. Beides schadet den Pflanzen und hindert sie an einem guten Wachstum. Gefäße mit Untersetzer sind hier zwar sehr praktisch, da sie beim Gießen das durchsickernde Wasser auffangen. Gerade im Sommer ist dies ein großer Vorteil. Es sollte aber vermieden werden, dass sich ständig Wasser in den Untersetzern befindet, welches nämlich für Staunässe sorgt. Schließlich sollten die Pflanzen nach Möglichkeit das Wasser von oben erhalten.

Mit Ausnahme der Keimung sollen die Pflanzen nicht ständig nass gehalten werden. Die Erdoberfläche darf – und muss! – auch einmal abtrocknen können. Bei diesem Foto hat mich ein starker Regenschauer überrascht. Die Pflanzen hatten sprichwörtlich „nasse Füße", da das Regenwasser um die Saatschalen herum nicht ablaufen konnte.

Pflanzen, die direkt im Freiland in der Erde wachsen, haben das Problem der Staunässe bzw. der Austrocknung eher nicht. Hier wirkt sich das große Erdvolumen sehr positiv auf die Pflanzenentwicklung aus.

Der beste Zeitpunkt des Gießens ist morgens bzw. am Vormittag. Im Hochsommer sollte man nicht in der prallen Sonne gießen, bzw. nur dann, wenn die Pflanzen wirklich ausgetrocknet sind. In diesem Fall ist es wichtig, dass vor allem die Blätter nicht übergossen werden, da sonst die Möglichkeit des Verbrennens durch die Sonnenstrahlen besteht. Abends würde ich nur dann die Pflanzen gießen, wenn die Erde sehr ausgetrocknet ist. Schließlich benötigen Pflanzen das Wasser hauptsächlich am Tage (Photosynthese etc.). Nachts kann kein Wasser durch Sonnenstrahlung verdunsten; überschüssiges Wasser könnte zur Fäulnis führen. Außerdem lockt man den nächtlichen Schneckenbesuch durch abendliches Gießen an!

Regelmäßiges Nachpflanzen bzw. „Aufforsten“

Je nach Gehegegröße bzw. nach Schildkröten-Besatz ist es notwendig, Futterpflanzen bzw. Futterbereiche regelmäßig nachzupflanzen. Es hat sich bewährt, dies nicht gerade im Hochsommer bzw. an einem sehr warmen Tag zu erledigen. Zum einen sind die Schildkröten dann nicht die ganze Zeit aktiv im Gehege unterwegs, zum anderen wird das neue Futter durch den Regen angegossen und kann gut anwachsen.

Die z. B. in den Topfplatten vorgezogenen Pflanzen eignen sich für dieses Nachpflanzen im Schildkröten-Gehege sehr gut. Mittels Pflanzloch-Hilfe wird ein Loch in die Erde geformt. Anschließend wird die Pflanze darin vorsichtig angedrückt und angegossen.

Krankheiten und Ungeziefer

Es kann vorkommen, dass Krankheiten an diversen Pflanzen auftreten. Sollte Mehltau an Futter- oder Gehegepflanzen erkennbar werden, so würde ich zuerst die betroffenen Stellen zurückschneiden, damit sich dieser Befall nicht weiter verbreitet. Viele Halter berichten zwar, dass diese Pflanzen noch z. B. als Futter geeignet oder als Gehegepflanze unbedenklich sind. Ich würde sie dennoch zurückschneiden und entsorgen, damit man diese Pflanzenerkrankung besser eindämmen kann. Sollte sich die Pflanze nicht mehr erholen, dann entferne ich sie restlos (ggf. auch mit Wurzelwerk etc.).

Bei z. B. Malven und Stockrosen ist – gerade bei sehr nasser Witterung – Rostbrand möglich. Es gibt Jahre, an denen diese Pflanzen wunderbar gedeihen. Es kann aber auch vorkommen, dass eine große Anzahl dieser Pflanzen durch Rostbrand befallen wird. Die Blätter der Malve wären als Futter durchaus geeignet. Jedoch habe ich sehr gute Erfahrungen gemacht, wenn solche betroffenen Blätter bei der Stockrose bzw. Zweige der Malve abgeschnitten werden. Die Pflanzen sind dann meist ohne weiteren Befall und können im Garten bzw. im Gehege wachsen.

Blattläuse stellen zwar kein Risiko für unsere Landschildkröten dar, jedoch können diese Tiere in relativ kurzer Zeit eine komplette Pflanze befallen und schädigen. Um die Blattläuse an Pflanzen im Schildkröten-Gehege zu entfernen, werden die betroffenen Stellen oder sogar die kompletten Pflanzen abgeschnitten bzw. entfernt und entsorgt.

Befallene Pflanzen, die außerhalb des Schildkröten-Geheges stehen, kann man mit einer Wasser-Spülmittel-Lauge einsprühen. Dies ist eine sehr „sanfte" Art der Schädlingsbekämpfung, bei der die Pflanze später – z. B. nach nur wenigen Regenschauern – wieder als Futterpflanze genutzt werden kann. Das Einsprühen mit dieser Lauge sollte jedoch nur bei Pflanzen durchgeführt werden, die außerhalb des Schildkröten-Geheges wachsen.

Eine weitere Möglichkeit wäre der „Sud“ bzw. eine Jauche aus Pflanzenteilen. Üblicherweise findet hier die Brennnessel Verwendung als Pflanzenstärkung bzw. auch als Schädlingsbekämpfung. Die Pflanzenteile der Brennnessel werden dazu zerkleinert, und beinahe bis zum Rand mit kaltem Regenwasser in einen verschließbaren Behälter gegeben. Nach nur wenigen Tagen beginnt der Gärungs-Prozess. Hin und wieder sollte man die Jauche umrühren. Nach ca. zwei Wochen sind die Pflanzenteile komplett vergoren. Nun kann man eine Verdünnung dieser Jauche an oder – z. B. mittels Gießkannenbrause – auf die zu behandelten Pflanzen geben. Bitte beachten Sie, dass dieser Vorgang nicht bei starker Sonnenstrahlung erfolgt; es könnte zu Verbrennungen an den Blättern kommen.

Ich werde sehr oft nach dieser Art von „Dünger“ bzw. Schädlingsbekämpfungsmittel gefragt. Unterschätzen Sie jedoch bitte nicht den Geruch dieser extrem stinkenden Brennnesseljauche. Es sollen dadurch nämlich keine Nachbarschaftsstreitigkeiten entstehen!

Sollten sich Schädlinge etc. über einen längeren Zeitraum nicht mit den bereits beschriebenen Möglichkeiten entfernen lassen, so wäre eine komplette Entsorgung der Pflanze (auch inkl. der Erde und ggf. auch des Topfes etc.) nötig. Bei der Verwendung von diesen „biologischen“ Mitteln dürfen ausschließlich Behältnisse (Blumensprüher, Gießkanne, Eimer etc.) verwendet werden, die nur für diese Zwecke zum Einsatz kommen. Es ist von großem Vorteil, wenn diese Gegenstände als solche gekennzeichnet werden, damit man z. B. eine Gießkanne nicht mehr dazu nutzt, um Badeschalen in den Schildkröten-Gehegen mit frischem Wasser aufzufüllen.

Auch Schnecken können im Gehege bzw. im Garten zur Qual werden, wenn der Befall übermäßig groß wird. Selbst „Bierfallen“ sind eine Quälerei. Das Absammeln der Schnecken ist aus tierschutzrechtlicher Sicht unbedenklich. Auf die Verwendung von Giftsticks etc. würde ich verzichten, auch wenn es hier bislang keine verlässlichen Informationen zur Verträglichkeit gegenüber anderer Tiere gibt. Man sollte niemals außer Acht lassen, dass auch eine außerhalb des Schildkröten-Geheges vergiftete Schnecke noch in die Reichweite unserer

Schildkröten kommen kann (entweder durch die noch normale Fortbewegung oder durch das Hineintragen in das Schildkröten-Gehege durch andere Tiere). Es mag zwar Fälle geben, bei denen eine Schildkröte Schneckengift gefressen hat. Das Überleben dieser Schildkröte möchte ich aber hier nicht als allgemeingültige Regel vorstellen. Daher möchte ich an dieser Stelle vor dieser Gefahr warnen.

Schnecken sind bei uns Schildkrötenhaltern nicht wirklich beliebt – zumindest nicht, wenn diese Überhand nehmen.

Chemie, Dünger und Spritzmittel

Wildkräuter benötigen in der Regel keinen Dünger bzw. oft vertragen sie gedüngten Boden sehr schlecht oder sterben sogar ab. In der Regel wachsen sie auf einem eher mageren Boden. Dazu müssen wir nur in die Natur schauen! Der Boden kann gerne – wie bei unseren Tieren auch – mit Steinen, Sand und Kalk abgemagert werden.

Chemische Behandlungen sollten nicht das Mittel zum Zweck sein. In meinem Garten werden chemische Mittel nicht eingesetzt. Gegen Blattläuse und anderes Ungeziefer wird die betroffene Pflanze entweder großzügig zurückgeschnitten oder mit Wasser eingesprüht, welches zuvor mit ein wenig Spülmittel angesetzt wurde (siehe Absatz zuvor). Hier kommt dann ein Wasserzerstäuber zum Einsatz, mit dem die Pflanze eingesprüht wird. Es versteht sich von selbst, dass dieses Mittel natürlich nicht im Schildkröten-Gehege angewendet wird. Der entsprechende Wasserzerstäuber ist als „Spritzmittel“ gekennzeichnet, so dass ich damit anschließend keine Schildkröten, Futterpflanzen oder Bereich im Frühbeet bzw. Gewächshaus besprühe/bewässere.

Gras im Gehege

Wer meine bisherigen Bücher oder meine Vorträge kennt, weiß, dass ich kein Freund von übermäßigem Grasbewuchs im Schildkröten-Gehege bin. Selbstverständlich sind einzelne Stellen im Gehege völlig in Ordnung. Diese sind weder schädlich noch giftig. Durchgehende Rasenflächen jedoch sind nicht als Schildkröten-Gehege geeignet. Durch eine relativ nasse Haltung können die Tiere eine Lungenentzündung bekommen oder an Panzernekrosen leiden. Zudem bietet eine Rasenfläche keine Versteckmöglichkeiten.

Ich bin der Meinung, dass man auch einzelne Grasbüschel im Gehege entfernen sollte – zumindest wenn diese Überhand nehmen. Häufig werden nämlich andere Pflanzen (vor allem sind es Wildkräuter bzw. weitere Futterpflanzen) am Wachstum gehindert, da das Gras diese wertvollen Pflanzen unterdrückt. Und das mindert wiederum die selbstständige Nahrungsaufnahme unserer Schildkröten, da zu wenige Futterpflanzen im Gehege vorhanden sind. Zudem hat Gras keinen Nährwert. Außerdem fühlen sich unsere Schildkröten auf einem nassen, kalten Rasen nicht besonders wohl. Manche Tiere werden sogar krank und leiden an Schnupfen etc.

Im Idealfall wird das noch nicht sehr groß gewachsene Gras aus dem Gehege entfernt. Da der Bodengrund aus einem Gemisch aus Erde, Sand und Kalksteinen besteht, lassen sich die Graswurzeln einfach herausziehen. Nun bleibt genügend Platz für das Wachstum der wertvollen Futterpflanzen!

„Futter-Boxen“

Die nun vorgestellte Methode zur Futtergewinnung hat viele Vorteile, da es mehrere Verwendungszwecke gibt. Das Hauptziel ist eine durchgehende Futtergewinnung (im Prinzip von Januar bis Dezember).

„Futter-Boxen“ stellen für mich eine gute Möglichkeit dar, um mengenmäßig hochwertiges Futter zu erhalten.

Bei der Aussaat im Frühjahr (ab März) kann anschließend ab ca. Mai bis Ende des Jahres (sowie bereits das anschließende, zeitige Frühjahr) geerntet werden. Wenn erst im Herbst ausgesät wird, so können die Keimlinge bzw. kleinen Pflanzen noch bis zum Winter ein wenig wachsen. Bereits mit den ersten warmen Tagen (ab ca. Februar) beginnt das Futter zu wachsen, so dass schon ab ca. April/Mai geeignetes Futter zur Verfügung steht.

In der eher kalten Jahreszeit – wenn sich also unsere Tiere normalerweise in der Winterstarre befinden – stelle ich diese transportablen Kisten in meine „ungenutzten“ Frühbeete oder Gewächshäuser. Dort überwintern die zum Teil bereits großen Pflanzen. Sollte ich während dieser Zeit Futter für „winterwache“ (kranke) Tiere benötigen, so bietet sich hier eine gute Futterquelle. Ich muss dann also nicht auf minderwertiges, gesundheitsschädliches Futter (z. B. Salat etc. aus dem Supermarkt) zurückgreifen.

Ab ca. März – wenn also die Winterstarre meiner Tiere beendet wird – stelle ich einen Teil dieser transportablen „Futter-Boxen“ aus Platzgründen von den Frühbeeten bzw. Gewächshäusern in einen eher geschützten Bereich meines Gartens. Das sind meist diejenigen Pflanzen, die bereits groß gewachsen sind (und schon als Futter Verwendung finden könnten). Dort – ggf. mit Glas oder Luftpolsterfolie geschützt – können die Pflanzen langsam weiterwachsen. Der andere Teil der „Futter-Boxen“ (noch Jungpflanzen oder kleine Pflanzen) verbleibt zum besseren Wachstum weiterhin im Frühbeet oder Gewächshaus. Ab ca. Mitte/Ende Mai werden nun auch die zuvor noch in den Gewächshäusern befindlichen Pflanzen in das Freiland gebracht. Falls nötig werden die Pflanzen sogar in die Schildkröten-Gehege gesetzt. Anschließend werden die „Futter-Boxen“ mit neuer Erde versehen und es wird wieder ausgesät.

15. März

25. März

31. März

Die Futter-Boxen lassen sich bequem im Frühbeet (oder auch im Gewächshaus) aufstellen. Die im August ausgesäten Pflanzen bieten so bereits im März des neuen Jahres wertvolle Futterpflanzen. Jetzt kann laufend geerntet werden. Nun müssen die Futter-Boxen nicht mehr unbedingt im Frühbeet oder Gewächshaus aufgestellt werden. Alternativ wird das Futter in die Gehege gepflanzt, und erneut ausgesät.

Für das „Winterfutter" eignen sich z. B. eher großblättrige Pflanzen wie Löwenzahn, Wegwarte oder Wegerich. Diese Pflanzen sind in den Wintermonaten definitiv ertragsreicher. Sollen Futterstellen im Gehege vorgezogen werden, so sind Saatmischungen von Vorteil. Für die Gewinnung von Kräuterheu und Blüten bieten sich neben dem „Winterfutter" auch Malven und Klee an. Es hat sich aber als vorteilhaft herausgestellt, wenn diese Futterpflanzen einzeln (der Art entsprechend) in den „Futter-Boxen" aufgezogen werden, da sich die Pflanzen dort besser entwickeln können (unterschiedliche Wachstumsgeschwindigkeiten).

Geeignete Pflanzen für die „Futter-Box":

- **Winterfutter:** z. B. Löwenzahn, Wegwarte, Wegerich (nur 1 Pflanzenart pro „Futter-Box") / pikieren sinnvoll
- **Futterstellen für Gehege:** Saatmischungen / Direktaussaat
- **Kräuterheu + Blüten:** z. B. Löwenzahn, Wegwarte, Wegerich, Malven, Klee (nur 1 Pflanzenart pro „Futter-Box") / pikieren sinnvoll / Direktaussaat nur bei Klee

Anleitung „Futter-Box":

Ich verwende sowohl große Mörtelwannen, Blumenkästen, Kunststoffwannen, Töpfe und kleinere Anzuchtschalen. Idealerweise werden hochwertige Boxen (lebensmittelechte Gefäße) verwendet; benutzte Behälter aus der chemischen Industrie (Seifenlaugen oder andere Substanzen) wären hierfür nicht geeignet. Größere Mörtelwannen sind sogar noch sehr leicht und lassen sich auch im befüllten Zustand an den Griffen bequem durch 2 Personen transportieren.

„Futter-Box"mit Löwenzahn

Blumenkästen und Anzuchtschalen etc. können ohne weitere Vorbereitung sofort verwendet werden. Bei den Mörtelwannen müssen jedoch als Vorbereitung ca. 0,5 cm große Löcher in Bodennähe (in ca. 5-10 cm Höhe) gebohrt werden (ca. alle 10 bis 15 cm). Dadurch kann überschüssiges Wasser ablaufen, es kommt – z. B. bei starkem Regen oder zu viel Gießwasser – nicht zu einer Überschwemmung.

Zuerst befülle ich die Behältnisse ca. bis zur Hälfte mit hochwertiger Erde. Dann wird die Erde leicht angedrückt. Die restliche Erde wird bis zum Rand aufgeschüttet (die Erde setzt sich anschließend noch ein wenig). Die Pflanzen können nach erfolgreicher Zucht so bequem abgeschnitten bzw. „gemäht" werden. Zu tief gesetzte Pflanzen würden am Rand eher schlecht wachsen (da es dort zu dunkel ist). Anschließend wird ausgesät bzw. bereits vorgezogenen Pflanzen eingesetzt.

Gegenüber Töpfen oder Blumenkästen haben Mörtelwannen den Vorteil, deutlich mehr Erde bzw. mehr „Masse" aufzunehmen. Dies sorgt für ein besseres Pflanzenwachstum und für eine bessere Wasserversorgung. Pro Mörtelwanne wird so ca. 70 Liter Blumenerde benötigt.

Die „Futter-Box“ ist auch ideal geeignet, wenn sich z. B. Nachbarn oder Freunde während Ihres Urlaubs um Ihre Schildkröten kümmern. Falls die Tiere zu dieser Zeit gefüttert werden müssen, so hat die Urlaubsbetreuung geeignete Futterpflanzen parat, ohne lange nach verschiedenen Pflanzen im Garten Ausschau zu halten.

Aus dieser Kunststoffkiste wird durch hochwertige Blumenerde und einer zuvor ausgesäten Kräutermischung eine ergiebige „Futter-Box“.

Bitte beachten Sie aber, dass diese bepflanzten „Futter-Boxen“ nicht dazu geeignet sind, um im Winter in das Wohnhaus oder in den Keller gestellt zu werden. Die dort meist zu warmen Temperaturen lassen die Pflanzen zwar anfangs sehr gut wachsen. Später verkümmern aber die Pflanzen aufgrund fehlender Reize (Lichtverhältnisse, Temperaturen etc.). Die „Futter-Box“ soll lediglich eine Möglichkeit darstellen, „fertiges“ Futter länger halten zu können, und diese ggf. an einen anderen Ort zu transportieren (Gewächshaus, Garten etc.). Überschüssiges Futter kann so z. B. auch getrocknet und dann aufbewahrt werden.

Winterschutz

Da die Winter-Temperaturen in Deutschland nicht mit denen der natürlichen Vorkommensgebiete Europäischer Landschildkröten übereinstimmen, müssen wir hier ein wenig nachhelfen, um gleich im Frühjahr genügend und vor allem hochwertige Futterpflanzen anbieten zu können. Eine Möglichkeit ist die zuvor beschriebene „Futter-Box“, mit der immer ausreichend Futterpflanzen zur Verfügung stehen.

Damit aber auch in den Schildkröten-Gehegen bereits mit dem Winterstarre-Ende (ca. März) genügend Futter vorhanden ist, ist ein im Herbst zuvor angebrachter Winterschutz von Vorteil. Hier eignen sich Äste von Fichte, Wacholder, Lorbeere oder auch ein ausrangierter Weihnachtsbaum (!). Ich achte darauf, dass die einzelnen Blätter bzw. Nadeln nicht gerade unmittelbar nach dem Aufbringen des Winterschutzes abfallen, damit sich diese nicht im Gehege ansammeln. Alternativ können die Pflanzen auch mit Laub und Zweigen bedeckt werden.

Während der kalten Winterzeit ist es vorteilhaft, zumindest einen Teil der Futter- und Gehegepflanzen zu schützen.

Die zuvor als Winterschutz genannten Pflanzen werden teilweise als giftig eingestuft und sind daher nicht für eine dauerhafte Bepflanzung der Schildkröten-Gehege geeignet! Etwa gegen März entferne ich diesen Winterschutz.

12. Januar

8. März

1. April

Zu Testzwecken wurde nur der linke Teil der Futterpflanzen mit Zweigen bedeckt. Bei der Aufnahme vom 1. April ist der Unterschied sichtbar.

Bei der Haltung von Jungtieren ist das „Futter-Problem“ bzw. die Verfügbarkeit von Futterpflanzen im Frühjahr kein wirkliches Problem, wenn im Garten an wenigen Stellen Futterpflanzen zur Verfügung stehen (z. B. in einem Topf). Gerne können aber auch Teile des (kleinen) Freigeheges mit

z. B. Luftpolsterfolie, Doppelstegplatten oder Glas (Achtung, hier besteht ggf. Splittergefahr) komplett geschützt werden. Die Pflanzen wachsen darin schon bereits sehr früh. Nach dem Beenden der Winterstarre finden die Tiere bereits gut herangewachsenes Futter.

8. März

1. April

8. März

1. April

Die Fotos (a) und (b) zeigen das Außengehege meiner Nachzuchten bzw. Jungtiere zu unterschiedlichen Zeiten im Frühjahr. Diesen Bereich habe ich von November bis Anfang April komplett mit einer Luftpolsterfolie abgedeckt (Aufnahme [c]).

Das Futter konnte sich hervorragend entwickeln und steht so meinen Schildkröten unmittelbar nach der Winterstarre zur selbstständigen Futteraufnahme zur Verfügung.

Das Foto (d) zeigt eine Aufnahme (zur gleichen Zeit) meines Freigeheges für ausgewachsene Schildkröten. An dieser Stelle ist das Futter aufgrund fehlenden Winterschutzes noch nicht so stark gewachsen.

16. März

16. März

Im Folgejahr habe ich das Gehege erst spät Anfang März mit Luftpolsterfolie eingeschlagen. Es ist deutlich zu erkennen, dass die Pflanzen – im Gegensatz zu den Aufnahmen aus dem Vorjahr – noch nicht gut gewachsen sind.

5. April

5. April

Erst durch das (spätere) Anbringen des Winterschutzes beginnen die Pflanzen zu wachsen. Verglichen mit den Fotos aus dem Jahr zuvor ist das jedoch noch kein üppiger Pflanzenwuchs.

Neuanlage bzw. regelmäßiges Nachpflanzen von Futter

In Abhängigkeit des Tierbesatzes (Schildkrötenart, Panzergröße, Anzahl) muss theoretisch alle ca. 3–5 Jahre entweder das Gehege komplett mit neuen Futterpflanzen bestückt werden, oder eben nur Teile davon, da die Futterpflanzen „verbraucht" sind (vgl. Kapitel 3 *Futterversorgung* bzw. Kapitel 4 *Naturnahe Haltung*). Ich bevorzuge jedoch ein eher regelmäßiges Nachpflanzen. So hält sich der eigentliche Aufwand relativ gering. Zudem verändert sich das Gehege aus Schildkrötensicht nicht radikal.

Da meine größeren bzw. ausgewachsenen Schildkröten in sehr großzügig gestalteten Gehegen leben (Fläche von bis zu 100 m²), pflanze ich „kistenweise" Pflanzen der zuvor beschriebenen „Futter-Boxen" ein. Hier komme ich auf ca. 0,5 bis 1 m² Futterflächen, die eben dort regelmäßig nachbestückt werden müssen. Dies geschieht entweder im Frühjahr oder im Herbst (in Abhängigkeit der vorhandenen gefüllten „Futter-Boxen"). Zu dieser Zeit wachsen die Pflanzen am besten an, und werden auch nicht umgehend von meinen Schildkröten aufgefressen. Im Sommer wäre der vermutlich schlechteste Zeitpunkt, da zum einen die Aktivität der Tiere sehr hoch ist, und zum anderen das Umsetzen bzw. das Anwachsen der Pflanzen erfahrungsgemäß nicht so gut gelingt.
Da meine Schlüpflinge bzw. Jungtiere in vergleichsweise kleinen Gehegen leben, werden dort zwar viele, aber eben nur kleine Futterflächen angebaut bzw. ausgewechselt. Diese haben in etwa die Größe einer Postkarte bzw. eines Din-A-5 Blattes (vgl. Kap. 4 *Naturnahe Haltung*).

Zum Ende dieses Kapitels möchte ich nochmals erwähnen, dass es immer von Vorteil ist, das Schildkröten-Gehege – unabhängig von der vorhandenen Fläche – regelmäßig zu pflegen; und das nicht nur wegen des Arbeitsaufwandes. So wachsen die gewünschten Futterpflanzen hervorragend heran und sorgen für eine möglichst eigenständige Ernährung der Schildkröten. Das soll aber nun nicht bedeuten, dass jede verblühte Pflanze umgehend entfernt werden soll. Ganz im Gegenteil! Schließlich darf und soll das Gehege unserer Wildtiere auch tatsächlich ein wenig „wild" aussehen!

Nicht jede vertrocknete Pflanze muss sofort aus dem Schildkröten-Gehege entfernt werden! Hiermit lassen sich schöne Versteckplätze schaffen – beabsichtigt oder eben zufällig! Vertrocknete Blüten sorgen zudem mit ihrem Samen für neue Futter- und Gehegepflanzen.

VIII

Der Schildkröten-Gärtner in der Jahresübersicht

Je nach Jahreszeit fallen für mich als Schildkröten-Gärtner verschiedene Aufgaben an.

Die Inhalte der nun folgenden Monatsangaben sind nur als Beispiele gedacht, und beziehen sich auf meine Tätigkeiten als Schildkrötenhalter in Bezug auf die Futterversorgung etc. In Abhängigkeit der klimatischen Unterschiede zwischen verschiedenen Wohnorten variieren diese Zeiten jedoch teilweise sehr. Die Angaben sollen Ihnen nützlich zur Seite stehen. Damit Sie u. a. diese Punkte und noch weitere nützliche Infos beachten können, ist im Anhang dieses Buches ein Jahreskalender abgedruckt. Dieser steht auch im Internet für Sie zum Download bereit.

Im Prinzip säe ich von März bis August/September beinahe wöchentlich oder alle 14 Tage verschiedene Saaten (Einzelsaaten oder Mischungen) aus. Dazu verwende ich entweder Anzuchtschalen (welches ein anschließendes Pikieren nötig macht) oder ich säe direkt in Töpfe oder andere Pflanzgefäße (anschließend ggf. umtopfen oder auspflanzen). Es handelt sich dabei allerdings immer nur um 1 oder 2 verschiedene Pflanzen. Diese Methode eignet sich sehr gut, um vor allem auch neue Pflanzen kennen zu lernen oder verschiedene Möglichkeiten der Aussaat zu testen.

Generell habe ich drei Haupttermine im Jahr ausgewählt, an denen ich „im großen Stil" meine Hobby-Gärtner-Tätigkeit ausführe. Zu diesen Terminen werden viele Pflanzschalen mit jeweils vielen Einzelsaaten oder Saatmischungen verwendet.

Meine drei Aussaat-Termine:

1	2	3
Ende März	**Anfang Mai**	**Anfang/Mitte August**
Malven, diverse Wildkräuter, Ringelblumen (z. B. in kleinen Töpfen, Schalen etc. im Haus zur Keimung bringen);	(Vorkultur in Töpfen im Haus), nach Keimung anschließend sofort in das Freiland, Frühbeet, und/oder Gewächshaus.	Nachtkerze, Königskerze, Stockrosen, Malve, Johanniskraut, diverse Gehegepflanzen;
bitte nicht früher als Ende März! Bei einer Aussaat Anfang März sind die Erfolge noch sehr schlecht!		weitere Wildkräuter bereits aussäen, die den Winter über Futter ergeben sollen, bzw. im Frühjahr vorzeitig das Wachstum beginnen.

Einblick in eines meiner Gewächshäuser (Datum der Aufnahme: Ende Mai).

Die auf dem Bild rotmarkierten Pflanzen wurden Anfang Mai ausgesät und im Wohnhaus zum Keimen gebracht. Unmittelbar nach dem Keimen habe ich die Pflanzen dann in das Gewächshaus gestellt. 1 Woche vor Fotoaufnahme wurden die Pflanzen dann in die jetzt befindlichen Topfplatten pikiert.

Die auf dem Foto blaumarkierten Pflanzen stammen aus dem ersten Aussaattermin (Ende März). Hier ist schon ein ordentliches Wachstum erkennbar.

Die gelbmarkierten Pflanzen (Löwenzahn) wurden Mitte August des vergangenen Jahres gesät, anschließend in Töpfe pikiert und dann Ende September hier in das Gewächshaus gepflanzt. Diese Pflanzen stehen bereits seit Mitte März als Futter zur Verfügung.

Im Sommer kann es notwendig sein, zu groß gewachsene Pflanzen zurückzuschneiden. Aus diesen Blättern bzw. Blüten entsteht sehr wertvolles, getrocknetes Futter, welches sich sehr gut aufbewahren lässt. Mit z. B. Mehltau befallene Blätter sind hier jedoch ungeeignet. Diese sollten entsorgt werden. Das teilweise Zurückschneiden der Pflanzen ist meistens nur bei Jungtiergehegen notwendig, da die Tiere größere Pflanzen nicht mehr erreichen können. Aber auch für Jungpflanzen bietet dieser Rückschnitt neue Kraft, da nun am Boden neue oder weitere Pflanzen wachsen können. So ergibt sich nun wieder neues Futter. Dies sollte jedoch nur stellenweise durchgeführt werden, damit das Gehege den Schildkröten nach wie vor geschützte Bereiche bietet (vgl. Kapitel *Fressverhalten in der Natur*). Auch das stellenweise bewusste Trockenhalten der Pflanzen kann dafür sorgen, dass die Tiere dort vertrocknete Kräuter vorfinden, die eben nicht das ganze Jahr im saftigen Grün stehen. In meinen Gehegen gibt es Stellen, die nur wenig oder überhaupt nicht durch den Regen bewässert werden (z. B. unter dem Dach des Wohnhauses). Dort verdorren die Pflanzen dann von alleine.

Im Herbst schneide ich Pflanzen zurück, setze nicht (mehr) gewünschte Sträucher etc. um oder entferne diese dauerhaft aus dem Gehege/Garten.

Sogar mein Schildkröten-Gewächshaus wird zur Futterpflanzenzucht verwendet.

JANUAR	FEBRUAR	MÄRZ	APRIL	MAI	JUNI
Frohes Neues!	Welche Futterpflanzen möchte ich verwenden?			Vorkultur im Haus, nach Keimung sofort Schalen ins Frühbeet/Gewächshaus	zu groß gewachsene Pflanzen im Jungtiergehege teilweise zurückschneiden
	Neue Pflanzen? Kaufen!			Eisheilige	(Blätter ergeben wunderbares Kräuterheu!); Rückschnitt bietet Pflanzen neue Kraft!
		Vorkultur im Haus, später dann Schalen ins Frühbeet/Gewächshaus			

Die Kopiervorlage ist auf Seite 298/299 abgedruckt bzw. kann unter www.schildkroetenfreund.de heruntergeladen werden.

JULI	AUGUST	SEPTEMBER	OKTOBER	NOVEMBER	DEZEMBER
Samen ernten!	Pflanzen Vorkultur außerhalb vom Schildkröten-Gehege	Neuanlage Futterpflanzen-Bereiche, „Futter-Box"	Pflanzenwurzeln bzw. -knollen durch Teilen vermehren; z. B. Hosta, Flockenblume	neu gekaufte Pflanzen aus dem Handel (ggf. chemisch behandelt bzw. gedüngt) erst in die	Winterstarre-Zeit!
			Pflanzen zurückschneiden, umsetzen oder entfernen	Gehege setzen, wenn keine Tiere mehr im Gehege sind. Frostgefahr! bester Zeitpunkt,	
			Manchmal bereits Frostgefahr!	um Hainbuchenhecke zu kaufen. Frostschutz aufbringen (z. B. Reisige, Plexiglas, Luftpolsterfolie)	

IX

Bezugsquellen von Pflanzen und Samen

Der Handel bietet uns eine große Auswahl an getopften Pflanzen, Sämereien und Wurzeln bzw. Rhizome etc.

Die hier im Buch aufgeführten Pflanzen erhalten Sie in Gärtnereien, Baumschulen, Gartenmärkten und in diversen Pflanzen- bzw. Schildkröten-Onlineshops. Bei bestimmten Pflanzen ist es sinnvoll bereits „fertige" Pflanzen zu kaufen (z. B. Lavendel, Stockrose, Hibiskus, Eibisch, Fetthenne, Frauenmantel, Taglilie). Teilweise sind auch Wurzeln oder Rhizome im Handel erhältlich (Frauenmantel, Funkie, Mohn). Andere Pflanzen lassen sich sehr gut aussäen (z. B. Löwenzahn, Malve, Ringelblume,

Wegwarte, Flockenblume); hier eignen sich Samen sehr gut.

Die im Handel angebotenen Samen sind stets mit einem „Verfallsdatum“ versehen. Bei sehr alten Samen (älter als 5 Jahre) sollte man bedenken, dass eine Keimung meist nicht mehr in vollem Umfang stattfindet. Manche Samen kommen dann leider gar nicht mehr zur Keimung.

Wenn man sich nicht sicher ist, ob die gekauften Futterpflanzen mit Pflanzenschutzmitteln (Pestizide, Herbizide, Fungizide etc.) behandelt wurden, muss auch solches Futter (bzw. sogar wenn es sich „nur“ um Gehegepflanzen handelt) in Quarantäne! Pflanzen, die ich im Herbst kaufe, werden erst in die Gehege gesetzt, so bald keine Tiere mehr aktiv in den Gehegen umherlaufen (ca. November). Die nun anstehende Winterstarre bietet genügend Zeit, damit sich die Pflanze regelrecht neutralisieren kann.

Im Sommer gekaufte Pflanzen (ggf. chemisch behandelt oder stark gedüngt) werden erst in die Gehege gesetzt, wenn keine Schildkröten mehr aktiv in den Gehegen leben. Dies ist meistens im November der Fall. Im Frühjahr sind diese Pflanzen dann nach dieser langen „Quarantänezeit“ für meine Tiere unbedenklich.

Loser Dünger (wie auf dem Foto zu sehen) sollte natürlich von Hand aufgelesen und ggf. ein wenig Erde ausgetauscht werden.

Pflanzen, die jedoch erst im Frühjahr erworben wurden, würde ich die ersten ca. 6 Monate außerhalb des Geheges belassen. Dabei ist es vorteilhaft, die neuen Pflanzen bereits in ein separates Pflanzbeet oder in ein größeres Gefäß zu setzen. Bleiben die Pflanzen jedoch in den meist relativ kleinen Blumentöpfen, können sie in der Regel nicht besonders gut wachsen oder trocknen relativ schnell aus. Gegen das zu schnelle Austrocknen kann man die Blumentöpfe zeitweise entweder nur zur Hälfte oder eben komplett in die Erde eingraben.

Ich möchte an dieser Stelle anmerken, dass gedüngte Pflanzen hier nicht das größte Problem darstellen. Sichtbare Düngerkügelchen oder „Erdersatz" in Form von verschiedenen Substraten in oder vor allem auf der Oberfläche des Pflanzgefäßes sind gut erkennbar. Viel schlimmer und gefährlicher sind jedoch die oben genannten Pflanzenschutzmittel, die als flüssige Substanz aufgebracht wurden und so für uns nahezu „unsichtbar" sind.

Bei diesem Salbei (schöne Gehegepflanze) wurde neben Blumenerde auch Vermiculit beigemischt. Diese Pflanze würde ich erst nach einem Austausch der kompletten Erde in meine Schildkröten-Gehege hinein setzen. Bei Vermiculite handelt es sich um ein Aluminium-Eisen-Magnesium-Silikat, welches das Substrat (in diesem Fall ist es die Blumenerde) locker halten soll. Es ist übrigens das gleiche Material, welches auch bei der Bebrütung von u. a. Schildkröten-Eiern verwendet wird.

Kritisch sehe ich teilweise den Tausch von geeigneten Pflanzen unter Schildkrötenfreunden. So gut ich es verstehen kann, dass jeder seine Erfahrungen oder eben Lieblingspflanzen weiter geben möchte, desto unachtsamer wird manchmal mit dem Thema der „Hygiene“ umgegangen. Hier spreche ich nicht nur von mit Parasiten behaftetem Schildkrötenkot, der sich möglicherweise noch an dieser Pflanze bzw. auf der Erde befindet.
Auch das Thema Herpes (eine tödliche Viruserkrankung) darf hier niemals in Vergessenheit geraten. Ich würde daher keine Pflanzen von anderen Schildkrötenhaltern in meine eigenen Schildkröten-Gehege oder sogar in meinen eigenen Garten pflanzen. Auch bei Samen diverser Pflanzen aus fremden Schildkröten-Gehegen wäre ich sehr vorsichtig. Gegen den Tausch von Informationen ist selbstverständlich nichts einzuwenden. Dies wird überall sehr gerne angenommen!

X

Beispiele aus dem Zoofachgeschäft oder Zoo

Fütterung von verschiedenem Obst, Salat und Gemüse in einem deutschen Zoo. Diese Aufnahme hat nicht gerade Vorbildfunktion.

Es gibt sehr viele Möglichkeiten, um sich über unser Hobby zu informieren. Gerade was die Ernährung Europäischer Landschildkröten anbelangt, so wird man doch besonders hier sehr stark durch andere Halter, Internet-Foren, Zoofachgeschäfte, Schildkröten-Parks und Zoos „geprägt".

Im Internet finden sich zahlreiche Fotos, auf denen z. B. eine kleine Schildkröten genüsslich in eine Erdbeere beißt. Ein Schildkröten-Züchter, der Tiere zum Verkauf anbietet, zeigt Fotos von seinen Tieren, die mit Obst gefüttert werden. Das nahegelegene Zoofachgeschäft füttert die Schildkröten mit Salat und Gemüse. Weitere Beispiele könnte ich beliebig fortführen.

Sorgfältig zerkleinertes Obst, liebevoll zubereiteter Salat und abwechslungsreich angebotenes Gemüse ist schnell „in aller Munde" (!) und zeigt scheinbar eine gesunde und so perfekte Ernährung. Zumindest für den Laien scheint das auf den ersten Blick so zu wirken. Dass dem aber nicht so ist, das habe ich in diesem Buch schon mehrfach beschrieben. Leider hält sich aber immer noch sehr hartnäckig die Meinung, dass eine Fütterung mit Obst, Salat und Gemüse gesund ist.

Wenn Sie Schildkröten sehen, die mit dem hier im Buch aufgeführten ungeeigneten Futter ernährt werden, dann fragen Sie doch einfach gezielt nach dem Grund hierfür. Gerne können Sie auch auf dieses Buch, auf diverse Internetseiten etc. hinweisen. Oft ist es einfach nur eine Fehlinformation oder veraltete Aussage, was zur Folge hat, dass diese Tiere falsch und nicht artgerecht ernährt werden. Ich bin mir sicher, dass Ihre Hinweise oder Ihre Fragen Anlass geben werden, sich – wenn auch vielleicht erst ein wenig später – mit dem Thema Ernährung intensiver auseinander zu setzen. Schließlich möchte kein Schildkrötenfreund oder Verkäufer seine Tiere schlecht pflegen. Der Grund dafür sind häufig, wie bereits erwähnt, fehlerhafte Informationen oder manchmal wohl auch eine gewisse Bequemlichkeit. Und das müsste sich doch mit den Argumenten für eine gesunde Ernährung ändern lassen!

Bitte achten Sie jedoch darauf, welche Schildkrötenart gepflegt wird! Es gibt durchaus Schildkrötenarten (z. B. Sumpf- oder Wasserschildkrötenarten), die beispielsweise mit eiweißhaltiger Kost ernährt werden dürfen. Jede Schildkrötenart hat eben ihre eigenen, speziellen Bedürfnisse.

Dieses Foto aus einer deutschen Zoohandlung hat nicht wirklich Vorbildfunktion. Foto: Mareike Conrad

XI

Irrtümer bei der Ernährung

Wildbirne in einem Schildkröten-Habitat. Dieses Foto soll jedoch nicht dazu dienen, unsere Tiere in menschlicher Obhut mit z. B. saftigen Birnen aus dem Supermarkt oder eigenen Garten zu füttern.

Wie bereits im vorherigen Kapitel beschrieben, gibt es auch im Bereich der Ernährung noch einige Fehlinformationen, die sich hartnäckig halten.

„In Griechenland wächst auch Obst, Salat und Gemüse! Ich orientiere mich an der Natur, deswegen verfüttere ich eben auch Obst, Salat und Gemüse!"

Schön, dass die naturnahe Haltung ein erstrebenswertes Ziel ist! Jedoch sollte man sich dann die Natur genau betrachten. Im ursprünglichen Verbreitungsgebiet wächst kein Obst, Salat oder Gemüse – bzw. wenn wir sehr genau sein wollen, dann würden wir dort z. B. Wildbirnen finden. Dieses „Futterangebot" ist dort jedoch nur sehr saisonal im Hochsommer (hohe Temperaturen; schnelle Darmpassage etc.) an wenigen Stellen vorhanden. Das soll aber keine Begründung sein, um ganzjährig Bananen, Mangos, Gurken, Wassermelonen etc. zu verfüttern.

„Wenn ich meiner Schildkröte ab und zu eine Tomate gebe, dann ist das nicht so schädlich! Es gibt ja genug Kräuter und anderes Gesundes im Garten."

Keine Schildkröte wird daran sterben, wenn sie z. B. 1-mal pro Woche mit Obst gefüttert wird. Aber warum sollte man gerade solches Futter anbieten, welches nachgewiesen einen negativen Einfluss auf die Darmflora etc. hat und keinen einzigen Vorteil mit sich bringt? Mit der Summe an negativen Haltungsfaktoren steigt zudem die Wahrscheinlichkeit einer Krankheit enorm. Das muss man sich immer vor Augen halten.

„Meine Schildkröte weiß, wie viel Futter sie am Tag benötigt. Sie wird das Fressen schon einstellen, wenn sie genug davon hat."

Das ist leider der Grund, warum sehr viele Tiere in den ersten Lebensjahren sehr an Gewicht zulegen. Leider haben Schildkröten nicht wirklich ein „Sättigungsgefühl", wie wir es von uns kennen. Daher fressen die Tiere im Prinzip jedes Futter bzw. die komplette Menge auf, die wir bei der Fütterung vorgeben. Gerade hier wird der Vorteil einer eigenständigen Futteraufnahme im Gehege deutlich.

Diese Schildkröte wurde ordentlich mit – teils gesundem – Futter ernährt. Leider hat es der Halter jedoch mengenmäßig zu gut gemeint; aber auch andere Haltungsparameter waren sehr schlecht. Inzwischen leidet diese Steppenschildkröte u. a. an einer doch sehr ausgeprägten Verfettung.

„Meine Schildkröte erhält von meinem Tierarzt 1-mal pro Jahr eine Vitamin-Spritze. Das macht sie gesund."

Von dieser Art „Ergänzungsmittel" ist gänzlich abzuraten. Mit gesundem, abwechslungsreichem Futter ernährte Tiere benötigen keine Aufbauspritzen etc. Solche prophylaktischen, ohne Diagnose etc. verabreichten „Aufbauspritzen" können die Tiere sogar eher noch schädigen. Außerdem: Ein wirklich schildkrötenerfahrener Tierarzt spritzt einer gesunden Schildkröte keine Vitamine.

„Meine Schildkröte frisst Äpfel so gerne! Sie muss doch wissen, wenn ihr etwas nicht bekommt."

Nur weil eine Schildkröte gewisse Futtersorten scheinbar mit Genuss verspeist, muss das nicht zwangsläufig bedeuten, dass dieses Futter sehr geeignet ist!

Dieser vom Baum heruntergefallener Apfel ist von außen in das Schildkröten-Gehege gelangt. Nur die wenigsten Schildkröten können dieser (nicht wirklich gesunden) Versuchung widerstehen...

„Ich füttere meine Schildkröte hauptsächlich mit gesundem Löwenzahn und anderen Wildkräutern. Bei dieser Art der Fütterung kann ich nichts falsch machen!“

Auch wenn Löwenzahn und andere Wildkräuter selbstverständlich gesundes Futter darstellen, so benötigen unsere Schildkröten dennoch weitere geeignete Kräuter. Eine „Mono-Fütterung“ (selbst mit einigen gesunden Kräutern) kann nicht gesund sein.
Man darf ebenso nicht vergessen, dass auch ein zu viel an Löwenzahn etc. die Tiere sehr schnell an Gewicht zulegen lässt. Leider gibt es sehr viele Schildkröten, die unter einer Verfettung leiden. Das kann leider auch mit einem zu viel an „gesundem“ Futter geschehen.

XII Futterumstellung

Es gibt verschiedene Ausgangssituationen, mit denen eine Futterumstellung beginnt. Dies richtet sich nach der Ernährungsart bzw. nach dem genauen Futter, den Futterzusätzen, der entsprechenden Intensität etc.
Man kann eine solche Umstellung von ungesundem zu hervorragend geeignetem Futter entweder sehr „radikal“ (sofortige Futterumstellung) oder ein wenig gemächlicher (schrittweise) vornehmen. Dies ist in Abhängigkeit der Fütterungsart zu entscheiden. Im Folgenden möchte ich Ihnen dies anhand einiger Beispiele erklären.

Bsp. 1: Fütterung mit sehr schädlichem Futter wie z. B. Katzenfutter, Nudeln, in Milch eingeweichten Brötchen, ungeeigneten Schildkröten-Sticks etc.

Der wichtigste Schritt ist, dass der Halter erkennen muss, dass bzw. warum dieses Futter sehr ungeeignet und sogar sehr schädlich für seine Lieblinge ist! Die Fütterung damit sollte daher umgehend eingestellt werden. Solche Umstellungen sollten nicht erst nach der Winterstarre oder an einem anderen Termin in der Zukunft geschehen. Eine sofortige Futterumstellung finde ich in diesem Fall sehr wichtig. Als „neues“ Futter eignet sich z. B. Löwenzahn, Spitzwegerich, Wegwarte und Malvenblätter sehr gut. Diese Pflanzen werden in der Regel sehr gerne angenommen.

Manchmal ist es mit einer bloßen Futterumstellung nicht getan. Oftmals müssen auch weitere Haltungsparameter verändert werden. Es macht wenig Sinn, Tiere optimal zu ernähren, aber bspw. im Terrarium zu halten. Daher ist es ratsam, nicht ganz optimal ernährte bzw. nicht artgerechte gehaltene Tiere einem schildkrötenerfahrenem Tierarzt vorzustellen.

Bsp. 2: Ernährung mit Salat, Obst und Gemüse

Diese leider noch sehr verbreiteten Futtermittel sollte man im Hinblick einer artgerechten bzw. naturnahen Haltung Europäischer Landschildkröten

möglichst überdenken. Zumindest wäre dies mein Bestreben. Salat, Obst und Gemüse würde ich auch in diesem Beispiel sofort weglassen. Ab nun an werden z. B. Löwenzahn, Spitzwegerich, Klee, Wegwarte und Malvenblätter angeboten. Falls die Tiere dies nicht als Futter annehmen, würde ich diese Kräuter unter den Salat mischen. Innerhalb von wenigen Tagen sollte das Verhältnis von Salat und Kräutern verändert werden, so dass innerhalb von nur wenigen Wochen gänzlich auf Salat verzichtet werden kann. Auch ein paar Blüten diverser geeigneter Pflanzen bieten sich an. Es gibt Tiere, die sich sofort an das „neue" Futter gewöhnen. Aber es kann auch vorkommen, dass Schildkröten ein wenig „skeptisch" an die Sache herangehen. In diesem Fall ist Durchhaltevermögen gefragt – nicht nur für die Schildkröte! Es kann unter Umständen einige Wochen dauern, bis sich eine Schildkröte an das neue Futter „gewöhnt" hat. Sollte das Tier die ersten ein bis zwei Tage nichts oder nur kaum etwas fressen, so sollte das – bei einem gesunden Tier – nichts ausmachen.
Mit der Zeit können weitere geeignete Kräuter und andere Pflanzen angeboten oder im Gehege angebaut werden.

Bsp. 3: „Mono-Fütterung" mit z. B. Löwenzahn

Zwar ist Löwenzahn ein hervorragendes Schildkrötenfutter. Es sollte aber kein Dauerfutter bzw. nie ein Alleinfutter sein. Die Abwechslung macht es eben! Im vorliegenden Buch ist eine große Auswahl an vielen verschiedenen Futterpflanzen zusammengestellt. Seien Sie neugierig!

XIII
Geschützte Pflanzenarten

Die Mitnahme von Pflanzen aus der Natur muss gut durchdacht sein, damit man sich nicht mit besonders geschützten bzw. streng geschützten Arten strafbar macht.

Als Halter von geschützten Landschildkrötenarten müssen wir uns an verschiedene gesetzliche Regelungen halten. Diese sind z. B. im Bundesartenschutzgesetz (BArtSchG) aufgeführt. Allerdings sind darin nicht nur eine Reihe von Tierarten geschützt, sondern auch verschiedene Pflanzen, die wild wachsend auch in unseren Breiten vorkommen. Die Vorgaben dazu sind im Washingtoner Artenschutzübereinkommen (WA), in der Bundesartenschutzverordnung (BArtSchV), in den FFH-Richtlinien und in diversen „Roten Listen" bzw. nationalen Naturschutzgesetzen aufgeführt. Bei manchen Pflanzen besteht ein Verbot der Entnahme aus der Natur (sowohl der Pflanzen als auch ihrer Samen). Andere Pflanzen sind zwar nicht bedroht, sollten aber dennoch nicht aus der Natur entnommen werden, da diese bereits selten geworden sind.

Da es teilweise zu Überschneidungen kommen kann, was die Verwendung von heimischen und geschützten Pflanzen als Futterpflanzen anbelangt, möchte ich solche Pflanzen aufführen, die gerade unter Schildkrötenhaltern beliebt bzw. bekannt sind. Diese Übersicht stellt jedoch nur einen Auszug dar. Wenn Sie sich nicht sicher sein sollten, ob eine wildlebende Pflanze als geschützt eingestuft ist, lassen Sie sie im Zweifel bitte an ihrem Platz:

Akelei (*Aquilegia spp.*), Berg-Lungenkraut (*Pulmonaria montana*), Bittere Schafgarbe (*Achillea clavennae L.*), Echter Eibisch (*Althaea officinalis*), Glockenblume (*Campanula spp.*), Hauswurz (*Sempervivum spp.*), Hainmoose (*Hylocomium spp.*), Mohn (*Papaver spp.*), Schmalblättriges Lungenkraut (*Pulmonaria angustifolia*), Schwarze Schafgarbe (*Achilea atrata L.*), Steinbrech (*Saxifraga spp.*), Torfmoose (*Sphagnum spp.*), Veilchen (*Viola spp.*), Weiches Lungenkraut (*Pulmonaria mollis*), Weißmoose (*Leucobryum spp.*), Zungen-Hahnenfuß (*Ranunculus lingua L.*)

Hinweis: Besonders geschützte bzw. streng geschützte Arten bzw. Pflanzen sind übrigens nicht nur innerhalb eines Naturschutzgebietes geschützt!
Zudem sind alle Pflanzenteile geschützt! Es dürfen weder die Wurzeln ausgegraben noch die Samen entnommen werden. Für die Pflanzen im eigenen Garten bzw. für im Handel gekaufte Pflanzen gilt dies natürlich nicht.
Naturschutzgebiete sind ausgewiesene Gebiete, die für die Erhaltung und den Schutz der Tier- und Pflanzenwelt von großer Bedeutung sind. Diese Schutzkategorie ist im Bundesnaturschutzgesetz (BNatSchG) verankert.
Unter http://www.geodienste.bfn.de/schutzgebiete/ finden Sie eine Übersicht z. B. aller eingetragener Naturschutzgebiete in Deutschland.

Naturschutzgebiete sind in Baden-Württemberg, Bayern, Hamburg, Hessen, Nordrhein-Westfalen, Rheinland-Pfalz und im Saarland mit diesem Schild (Seeadler) gekennzeichnet.

In Berlin, Bremen und Niedersachsen ist eine Waldohreule das Symbol für ein Naturschutzgebiet. Brandenburg, Mecklenburg-Vorpommern, Sachsen, Sachsen-Anhalt, Schleswig-Holstein und Thüringen verwenden die Eule im Fünfeck (siehe Foto), wobei Sachsen-Anhalt anstelle des gelben einen weißen Grund verwendet.

Schauen Sie doch einmal auf folgende Homepage: www.wisia.de. Dort erhalten Sie nicht nur Informationen zum Schutzstatus verschiedener Reptilien (darunter natürlich unsere Landschildkröten), sondern auch Informationen zum Schutzstatus diverser Pflanzen.

Die Homepage www.floraweb.de erlaubt einen Online-Zugriff auf Datenbanken mit Fotogalerie und Daten z. B. zur Gefährdung und zum Schutz diverser Wildpflanzen.

Eine solch schöne Blumenwiese lädt zum Träumen ein.
Bitte achten Sie jedoch stets auf Pflanzenarten, die unter Naturschutz stehen.

Danksagung

Das Schreiben des vorliegenden Buches hat mir sehr große Freude bereitet. Nur durch die freundliche Unterstützung von Freunden, Schildkrötenhaltern und weiteren fleißigen Helfern konnte dieser ausführliche Ratgeber über die naturnahe Ernährung Europäischer Landschildkröten entstehen.

Daher bedanke ich mich ganz besonders bei Danielle Conrad, Monika Geier, Marion Hausauer, Uta Heye, Dagmar Lerch, Pamela Simon und Larissa Zabel für deren Unterstützung.

Für die Bereitstellung von Fotos und weiteren Informationen sowie Erfahrungsaustausch danke ich herzlich Mareike Conrad, Ralf Czybulinski, Christine Dworschak, Ude Fass, Ivo Ivanchev und Karo Schlegel. Für die grafische Umsetzung bedanke ich mich sehr bei Katharina Feld.

Quellenangabe und weiterführende Literatur

GEIER, THORSTEN. 2015. Reisebericht und Anregungen für die Haltung: Europäische Landschildkröten auf der Insel Sardinien. SCHILDKRÖTEN IM FOKUS, Bergheim 12 (4) 2015: 15–21

GEIER, THORSTEN. 2015. Auf Landschildkrötensuche in Bulgarien. MARGINATA, Münster (44), 12(4). S. 28-35.

GEIER, THORSTEN. 2013. Winterstarre bei Europäischen Landschildkröten: Naturnahe Vorbereitung und erfolgreiche Überwinterung. Ratgeber zur Haltung Europäischer Landschildkröten, Band 1. Biebertal: Kleintierverlag, 199 S.

GEIER, THORSTEN. 2012. Faszination Schildkröten – Ein Bildband. Biebertal: Kleintierverlag, 184 S.

GEIER, THORSTEN. 2008. Fester Panzer – weiches Herz. Ein Ratgeber zur naturnahen Haltung Europäischer Landschildkröten. Biebertal: Kleintierverlag, 175 S.

GOLTE-BECHTLE, MARIANNE, ROLAND SPOHN & MARGOT SPOHN. 2015. Was blüht denn da? Stuttgart: Franckh Kosmos Verlag, 496 S.

HEIDBRINK, STEFANIE. 2009. Futterpflanzen für Schildkröten und Echsen. Münster: Verlag Dr. Stefanie Heidbrink, 72 S.

KUPPER, JACQUELINE & DANIEL DEMUTH. 2009. Giftige Pflanzen für Klein- und Heimtiere: Pflanze erkennen - Gift benennen - Richtig therapieren. Stuttgart: Enke Verlag, 304 S.

MINCH, MARION. 2013. Handbuch der Futterpflanzen für Schildkröten und andere Reptilien. Rheinstetten: Kirschner & Seufer Verlag, 398 S.

SCHRAMM, RICARDA. 2013. Landschildkröten-Futterpflanzen. Grebenhain: Tartaruga-Verlag, 168 S.

TRAPP, BENNY (2007). Reptilien und Amphibien des Griechischen Festlandes. Münster: Natur und Tier Verlag, 280 S.

WEGEHAUPT, WOLFGANG. 2008. Futterpflanzen. Kressbronn am Bodensee: Wegehaupt Verlag, 320 S.

WEGEHAUPT, WOLFGANG. 2004. Sardinien, die Insel der europäischen Schildkröten. Kressbronn am Bodensee: Wegehaupt Verlag, 192 S.

WIRTH, MICHAEL. 2013. Das Schildkrötenjahr: Freilandbiologie und Haltung europäischer Landschildkröten über den Jahresverlauf. Münster: Natur und Tier Verlag, 280 S.

DER SCHILDKRÖTEN-GÄRTNER

Pflanze:

Aussaat:

Pikiert:

Umtopfen:

www.schildkroetenfreund.de

DER SCHILDKRÖTEN-GÄRTNER

Pflanze:

Aussaat:

Pikiert:

Umtopfen:

www.schildkroetenfreund.de

DER SCHILDKRÖTEN-GÄRTNER

Pflanze:

Aussaat:

Pikiert:

Umtopfen:

www.schildkroetenfreund.de

Vorlage kopieren oder herunterladen

DER SCHILDKRÖTEN-GÄRTNER

Pflanze: ____________________

Aussaat: ____________________

Pikiert: ____________________

Umtopfen: ____________________

www.schildkroetenfreund.de

DER SCHILDKRÖTEN-GÄRTNER

Pflanze: ____________________

Aussaat: ____________________

Pikiert: ____________________

Umtopfen: ____________________

www.schildkroetenfreund.de

DER SCHILDKRÖTEN-GÄRTNER

Pflanze: ____________________

Aussaat: ____________________

Pikiert: ____________________

Umtopfen: ____________________

www.schildkroetenfreund.de

Der Schildkröten-Gärtner in der Jahresübersicht

JANUAR	FEBRUAR	MÄRZ	APRIL	MAI	JUNI

www.schildkroetenfreund.de

JULI	AUGUST	SEPTEMBER	OKTOBER	NOVEMBER	DEZEMBER

Leckeres Salatrezept für Schildkröten-Halter

Zutaten:

1 Handvoll Rucola
2 Blätter Riesenlöwenzahn (Catalogna)
2 Blätter Kapuzinerkresse
1 Dutzend Blüten Kapuzinerkresse
1 Dutzend Blüten Nachtkerze
Blattsalat aus dem eigenen Garten

Gerne können Sie den Salat verfeinern mit für Schildkröten ungesunden Tomaten, Radieschen, Gurken, Croutons, Joghurt-Dressing. Auch getrocknete (Küchen-) Kräuter eignen sich sehr gut.

So sehen die Zutaten für einen leckeren Salat für uns Schildkrötenhalter aus!

Alternativ können bestimmte Roh-Zutaten auch an unsere Lieblinge verfüttert werden! Dann gerne mit ein wenig getrockneten Kräutern, Heu oder AGROBS und Sepiaschale „abschmecken".

Dieser Blattsalat aus dem eigenen Anbau sollte nur an uns Halter „verfüttert" werden!

Blumenstrauß für Schildkröten-Halter

Farbenfroher Sommergruß an die Freundin oder den Freund! Über manche Blüten freuen sich sogar unsere gepanzerten Freunde!

Weitere erschienene Bücher im **kleintierverlag**

€ 14,80
Dr. Carsten Schneider
Das Pantherchamäleon
Furcifer pardalis
€ 12,50
Mein Leben als
Wasser-schildkröte
Der etwas andere Wasserschildkröten-
RATGEBER
€ 12,50
Thomas Klesius
Die Leopardnatter
Zamenis situla
Haltung und Nachzucht der „schönsten Schlange Europas"
€ 14,80
Lutz Prauser
MANCHMAL SIND ES GOLDSTÜCKE
Neues von den geliebten Mistviechern und ihren Haltern
€ 19,80
Werner & Yvonne Lantermann
HEIMISCHE EIDECHSEN IM FREILAND UND TERRARIUM
Faszination, Haltung und Schutz
€ 14,80
Martin Dieckmann
SMARAGDEIDECHSEN
LACERTA BILINEATA UND LACERTA VIRIDIS
Wissenwertes über die farbenfrohen Reptilien Europas
€ 14,80
Alexa Sabarth, Benny Trapp
ABENTEUER HEIMISCHE AMPHIBIEN
Ein Naturführer für die ganze Familie
DGHT
€ 34,80
Faszination
Schildkröten
Ein Bildband
Herausgegeben von Thorsten Geier